职业教育
数字媒体应用人才培养系列教材

边做边学
平面广告设计与制作

（Photoshop 2020+Illustrator 2020）

第3版 | 微课版

黄继云 刘畅 / 主编

苏波 董海芳 / 副主编

U0277445

人民邮电出版社
北 京

图书在版编目（CIP）数据

边做边学：平面广告设计与制作：Photoshop 2020+Illustrator 2020：微课版 / 黄继云，刘畅主编. -- 3 版. -- 北京：人民邮电出版社，2024.8

职业教育数字媒体应用人才培养系列教材

ISBN 978-7-115-64473-2

Ⅰ．①边… Ⅱ．①黄…②刘… Ⅲ．①图像处理软件－职业教育－教材②图形软件－职业教育－教材 Ⅳ．①TP391.41

中国国家版本馆CIP数据核字（2024）第102484号

内 容 提 要

本书以平面广告设计的典型应用为主线，通过众多实用的案例，全面、细致地讲解如何利用 Photoshop 和 Illustrator 完成专业的平面广告设计项目，具体内容包括平面广告的基础知识、新媒体广告、杂志广告、招贴广告、直邮广告、网络广告和户外广告等。

本书在讲解常见应用领域的平面广告时，都先介绍其特点、设计要领，然后通过案例、课堂练习、课后习题来帮助学生快速掌握软件使用技巧，拓宽学生的平面广告设计思路，提高学生的实际应用能力。

本书适合作为高等职业院校数字媒体类专业平面广告设计课程的教材，也可作为对平面广告设计感兴趣的读者的参考书。

◆ 主　　编　黄继云　刘　畅

　　副主编　苏　波　董海芳

　　责任编辑　王亚娜

　　责任印制　王　郁　焦志炜

◆ 人民邮电出版社出版发行　　北京市丰台区成寿寺路 11 号

　　邮编　100164　　电子邮件　315@ptpress.com.cn

　　网址　https://www.ptpress.com.cn

　　保定市中画美凯印刷有限公司印刷

◆ 开本：787×1092　1/16

　　印张：14.75　　　　　　　　　2024 年 8 月第 3 版

　　字数：376 千字　　　　　　　　2024 年 8 月河北第 1 次印刷

定价：59.80 元

读者服务热线：(010)81055256　印装质量热线：(010)81055316

反盗版热线：(010)81055315

广告经营许可证：京东市监广登字 20170147 号

　　平面广告是目前主流的广告宣传形式之一。在实际的平面设计和制作中，很少用单一软件来完成作品，要想出色地完成一件平面设计作品，就要学会结合不同软件的优势。Photoshop 和 Illustrator 是较常搭配使用的平面设计软件，二者自推出就得到平面设计人员的广泛运用。目前，我国很多职业院校的数字媒体类专业都将"平面广告设计"列为一门重要的专业课程。本书从人才培养目标、专业方案等方面做好顶层设计，明确专业课程标准，强化专业技能培养，安排教材内容；并根据岗位技能要求，引入了企业的真实案例，凸显教材的实用性。

　　本书全面贯彻党的二十大精神，以社会主义核心价值观为引领，传承中华优秀传统文化，坚定文化自信。为使本书内容更好地体现时代性、把握规律性、富于创造性，编者对本书结构做了精心的设计：第 1 章为平面广告的基础知识；第 2~7 章为应用部分，按照"基础知识—案例分析—设计理念—操作步骤—课堂练习—课后习题"的顺序编排。其中，基础知识讲解用于帮助学生了解平面广告设计和制作的相关概念、要素、分类和设计原则等；案例分析用于给出案例的具体要求；设计理念用于帮助学生了解设计思路，培养创意思维；操作步骤用于帮助学生熟悉平面广告的制作过程；课堂练习和课后习题用于提高学生的实际应用能力，使学生能举一反三、学以致用。

　　本书在内容选取方面，力求细致全面、重点突出；在文字叙述方面，注意言简意赅、通俗易懂；在案例设计方面，强调案例的针对性和实用性。

　　为方便教师教学，本书配备案例素材、微课视频、PPT 课件、教学大纲、电子教案等丰富的教学资源，任课教师可登录人邮教育社区（www.ryjiaoyu.com）免费下载。本书的参考学时为 64 学时，各章的参考学时参见下面的学时分配表。

章	内　容	学　时　分　配	
		讲　授	实　训
第 1 章	平面广告的基础知识	4	
第 2 章	新媒体广告	6	4
第 3 章	杂志广告	6	4
第 4 章	招贴广告	6	4
第 5 章	直邮广告	6	4
第 6 章	网络广告	6	4
第 7 章	户外广告	6	4
学　时　总　计		40	24

　　由于编者水平有限，书中难免存在不足之处，敬请广大读者批评指正。

编者
2024 年 4 月

教学辅助资源

资源类型	数量	资源类型	数量
教学大纲	1 份	微课视频	90 个
电子教案	1 套	PPT 课件	7 个

微课视频列表

章	微课视频	章	微课视频
第 2 章 新媒体广告	笔记本电脑广告设计	第 5 章 直邮广告	辞典广告设计
	轻怡房地产广告设计		五谷杂粮广告设计
	食品广告设计		茶叶广告设计
	冰箱广告设计		店庆广告设计
	手机广告设计		宠物食品广告设计
	汽车广告设计		牙膏广告设计
	吸尘器广告设计		旅游广告设计
第 3 章 杂志广告	电视机广告设计	第 6 章 网络广告	空调扇广告设计
	照相机广告设计		化妆品广告设计
	古琴展览广告设计		女包广告设计
	洗衣机广告设计		时尚女鞋广告设计
	剃须刀广告设计		家电广告设计
	月饼广告设计		现代家居广告设计
	手表广告设计		洗衣液广告设计
第 4 章 招贴广告	文物博览会广告设计	第 7 章 户外广告	粽子广告设计
	油泼面广告设计		百货庆典广告设计
	公益环保广告设计		豆浆机广告设计
	冰淇淋广告设计		饮品广告设计
	音乐会广告设计		牛奶广告设计
	篮球赛广告设计		汤圆广告设计
	现代家居展广告设计		锅具广告设计

目 录

目 录

目录

01

第1章
平面广告的基础知识

　　本章主要介绍平面广告的基础知识，包括平面广告的概念、设计要素、分类、创意表现、编排、设计流程、常用设计软件及后期输出等内容。通过本章的学习，读者可以对平面广告有初步认识，为后续进行平面广告设计奠定理论基础。

课堂学习目标

- 了解平面广告的概念和设计要素
- 了解平面广告的分类和创意表现
- 熟悉平面广告的编排和设计流程
- 认识平面广告的常用设计软件
- 了解平面广告的后期输出

素养目标

- 培养对平面广告设计的兴趣
- 提高平面广告鉴赏水平

1.1　平面广告的概念

　　平面广告又称"印刷广告""印刷品广告"，是利用报纸、期刊和其他印刷品传播有关信息的广告形式。在当今的信息时代，平面广告也泛指新媒体广告、网络广告等新型广告。平面广告凭借其异彩纷呈的表现形式、丰富多彩的内容信息及快捷便利的传播条件，被越来越广泛地应用于人们工作、生活的方方面面，如图 1-1 所示。

图 1-1

1.2　平面广告的设计要素

　　平面广告的设计要素主要包括文字、图形、商标及色彩。

1.2.1　文字

　　文字是最基本的信息传递符号，是广告传播功能最直接的体现形式之一。在平面广告中，文字的字体造型和构图编排直接影响到广告的诉求效果和视觉表现力，如图 1-2 所示。

图 1-2

1.2.2　图形

　　如果说作为符号化的文字受地域和语言背景限制，那么图形的信息传递则不受国家、民族、语言限制，它是一种通行的"世界语言"，具有更广泛的传播性。因此，图形的创意设计直接关系到平面广告的效果。图形也是广告内容最直观的体现，它可以最大限度地表现广告的主题内涵，如图 1-3 所示。

图 1-3

1.2.3 商标

商标是企业形象和商品的"浓缩"，用以表明商品的来源、生产者、持有者的身份等，如图 1-4 所示。商标作为品牌形象的化身，在平面广告中虽不及图形所占的幅面大，也不及标题文字醒目，但同样起着重要的作用。

图 1-4

1.2.4 色彩

色彩作为平面广告的设计要素，受广告主题、企业形象、受众年龄等因素共同制约。色彩往往能决定平面广告带给人们的整体感受，如图 1-5 所示。

图 1-5

1.3　平面广告的分类

平面广告按目的和性质可以分为以下几种类型。

1．公益广告

公益广告作为一种非商业性广告，传播的主要内容是社会公益活动和公益性服务信息。现有公益广告的主要内容多数围绕环境保护、社会公德等与民生息息相关的问题展开，如图 1-6 所示。

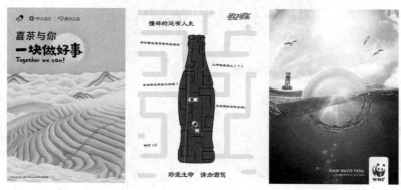

图 1-6

2．文体广告

文体广告传播的内容主要为文化、体育信息。文化、体育信息包含的内容十分广泛，如文化教育、科学技术、文学曲艺、新闻出版、广播影视、体育比赛等。文体广告的推广目的是提高国民文化水平、艺术素养和全民参与体育的热情，如图 1-7 所示。

图 1-7

3．产品广告

产品广告的基本功能是传播商业信息、推销产品或服务等，如图 1-8 所示。

图1-8

1.4 平面广告的创意表现

创意绝妙的广告不仅能在第一时间吸引消费者的注意力，还能给人留下深刻、美好的印象，进而引起人们对产品及品牌的关注。下面从 3 个方面介绍平面广告的创意表现。

1.4.1 图形创意

图形创意在平面广告设计中运用较多，一个切合广告主旨的图形往往胜过千言万语，充满创意的图形也会为广告增添艺术美感。平面广告图形创意如图 1-9 所示。

图1-9

1.4.2 文案创意

平面广告文案的设计受广告定位的限制，是在预先策划好的框架下发挥创意的。具体来说，平面广告文案通常包含两部分内容：第一部分是产品描述，字数一般不多，涵盖产品的特点、功能、目标消费群体等方面的内容；第二部分是产品承诺，它是对消费者的文字性承诺，承诺越具体，越能打动消费者。平面广告文案创意如图 1-10 所示。

图 1-10

1.4.3 情感创意

平面广告中投射的情感是受众倾心的主要因素，将情感融入广告中，受众的情绪受到了感染，会和广告产生更多的共鸣，并由此提升好感。平面广告情感创意如图 1-11 所示。

图 1-11

1.5 平面广告的编排

1.5.1 编排原则

平面广告的编排原则包含以下 3 点。

1．突出主题

能否很好地突出广告的主题，是衡量平面广告设计是否优秀的重要标准之一，所以设计师在进行广告编排时，要以宣传主题为核心，令观者对广告主题一目了然，并留下深刻印象，如图 1-12 所示。

图 1-12

2．和谐统一

在进行平面广告编排时，设计师还要注意各设计要素之间的关联性，使文字、图形、色彩都为广告的主题服务，避免相互干扰，达成最佳的视觉效果，如图 1-13 所示。

图 1-13

3．展示个性

在进行平面广告编排时，不同的广告主题应该展现不同的风格，或高雅或粗犷，或童趣或沉稳，或收敛或奔放。富有个性的平面广告往往会给观者留下更深刻的印象，如图 1-14 所示。

图 1-14

1.5.2　编排形式

优秀平面广告的编排形式要满足几点要求：提升产品价值、引导消费者视线、有效利用版面空间。平面广告的编排形式多种多样，常见的有以下几种。

1．上下分割

平面广告最常见的编排形式是将版面分割成上下两个部分，通常一部分放置图片，另一部分填充文字。上下分割的编排形式既符合视觉规律，又易于控制版面节奏，应用较广，如图 1-15 所示。

图 1-15

2．左右分割

与上下分割的编排形式相比，左右分割将画面分为左右两部分，给观者较为安全、稳重的感觉。根据视觉的一般规律，通常将图片放置在左侧，右侧则放置文字。为了避免版面呆板，可以令左右两侧的色调对比强烈，增强视觉冲击力，如图 1-16 所示。

图 1-16

3．斜向分割

在平面广告中，将版面斜向分割会显得更加生动活泼，这是由于倾斜的线条能够产生更强的动感，如图 1-17 所示。

图 1-17

4．中心编排

中心编排是在版面中心位置放置宣传主体，以起到强调作用，令平面广告的主题更加鲜明，如图 1-18 所示。

图 1-18

5．重复编排

在平面广告编排中，重复使用内容相同、相似的图片，能起到强调的作用，使广告的主题更加突出，并产生韵律感，如图 1-19 所示。

图 1-19

6．包围编排

包围编排是使用图案或图形将版面中心围起来，令观者的视线更加聚焦，从而深化主题，烘托氛围，如图 1-20 所示。

图 1-20

1.6 平面广告的设计流程

1.6.1 市场调查

只有符合市场受众的实际需求，才能确保平面广告宣传的效果，这就需要进行充分的市场调查。单就产品广告而言，市场调查包含下面三方面内容。

1．产品分析

产品分析是市场调查的首要步骤，主要调查内容为企业背景及相关状况，产品的发展历史、属性、服务特点、形象、市场等。只有对产品进行深入的分析，才能够确定产品在平面广告中最适合的呈现形式。

2．市场环境分析

市场环境是一个包含众多方面的系统，这个系统制约着平面广告从制作到发布的整个流程，并且直接影响客户对广告作品的评判标准。因此，翔实了解市场环境信息尤为重要。

3．消费者分析

在充分了解了产品和环境后，就可以展开针对消费者进行的分析，其目的是了解消费者的需求，以期广告尽可能地拉近与消费者的距离，从而建立和发展广大的消费群基础。

1.6.2 目标定位

针对当下市场形势，平面广告的目标定位一般有三种基本策略：观念定位策略、产品品质定位策略和市场定位策略。适当灵活运用多种策略是提高平面广告宣传效果的基本前提。

1.6.3　创意构思

在进行充分的调研、分析和定位后,设计师就可以根据得出的结论开始进行平面广告的创意构思。创意作为现代广告设计的核心要素,素有"广告的灵魂"之称。创意是平面广告不可或缺的内核,是直接塑造作品的原本力量。

1.6.4　深入完善

理想的平面广告设计方案一定是经过多轮探讨修改、不断深入完善得到的,在这个阶段,设计师要充分吸取团队成员的意见,以实现令人满意的设计方案。

1.6.5　制作发布

平面广告设计完成后,应先打印设计稿小样送达客户,由客户提出相应的修改意见,并由创作团队调整作品内容,然后由客户敲定稿件版本,最后签字执行制作、发布。

1.7　常用设计软件

1.7.1　图像处理软件 Photoshop

Photoshop 是一款用途广泛的图像处理软件,其启动界面如图 1-21 所示。它功能强大,操作灵活,常用于平面设计、影像后期、数字绘画等领域。在平面广告设计领域,Photoshop 常用来处理图片素材,制作各种艺术特效等,如图 1-22 所示。

图 1-21

图 1-22

1.7.2　矢量绘图软件 Illustrator

Illustrator 是一款优秀的矢量绘图软件,其启动界面如图 1-23 所示。它对线条的控制十分出色,可以很方便地绘制出高精度的线条和图形,因此常用于标志设计、包装设计、绘画创作等,如图 1-24 所示。Illustrator 能输出多种格式的文件,可以与 Photoshop、Animate 等搭配使用。

图 1-23

图 1-24

1.7.3　矢量绘图排版软件 CorelDRAW

　　CorelDRAW 是一款综合性的矢量绘图排版软件，其启动界面如图 1-25 所示，它在标志设计、模型制作、插画绘制、排版、分色输出等领域都有广泛的应用，如图 1-26 所示。CorelDRAW 包含矢量图设计程序和图像编辑程序，用户可以通过它进行矢量图与位图的交互设计。此外，CorelDRAW 还具备排版功能，使用户避免了多种软件切换的麻烦，给设计工作带来极大的便利。

图 1-25　　　　　　　　　　　　　　　　图 1-26

1.7.4　专业排版软件 InDesign

　　InDesign 是专业排版软件，其启动界面如图 1-27 所示。它可以灵活地处理图片与文字，通过集成图像、字型、印刷、色彩管理等多种技术，实现了快速、直观的桌面打印系统。InDesign 对 PSD、JPEG、AI 等多种文件格式都具有良好的兼容性，常用于图书、画册排版等领域，如图 1-28 所示。

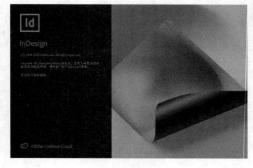

图 1-27　　　　　　　　　　　　　　　　图 1-28

1.8　平面广告的后期输出

在后期将平面广告输出时，有以下几个重要因素需要考虑。

1.8.1　输出分辨率

根据平面广告媒体的不同，广告在后期输出中的分辨率要求也有很大的区别。一般来说，喷绘广告对分辨率的要求比较低，分辨率在 72 像素/英寸左右即可满足印刷要求。而对于画面质量要求比较高的招贴广告、直邮广告，其分辨率不能低于 300 像素/英寸。

1.8.2　存储格式

为了便于修改，源文件都将以软件默认的格式存储，如 PSD、CDR、AI、INDD 等。在输出时，为了最大限度地保留图像的质量，大多采用 TIF 格式输出，如果使用 JPG 格式，则尽可能使用较高的压缩率，压缩品质一般不低于 10，如图 1-29 所示。对矢量格式的文件来说，为了避免文件在其他计算机中打开时出现缺字体的情况，在印刷前还需要转换字体。

图 1-29

1.8.3　色彩设置

图像的颜色模式一般分为 RGB 和 CMYK 两种，分别如图 1-30 和图 1-31 所示。RGB 颜色模式相比 CMYK 亮度较高，颜色更加艳丽，适用于计算机屏幕显示。CMYK 颜色模式与实际印刷效果更为接近，一般用于印刷、喷绘文件的输出。

RGB 颜色模式　　　　　　　　　　　　　CMYK 颜色模式
图 1-30　　　　　　　　　　　　　　　　图 1-31

1.8.4　印前注意事项

1．印前校对

在设计稿正式确定之前，应先打印一份小样稿件，并对设计小样中的文字内容、信息及图案效果、版式等进行全面核对。设计师需要负责校对的部分是画面、色彩、版式和文字信息等内容的正确性。在平面广告创作团队中，一般由专职的文案及企划人员进行印前校对。

2．备份保存

在设计稿件基本完成并准备进行后期调整时，应先备份源文件，再修改设计稿。一般会将调整后的多个设计版本与原有的备份稿件进行对比，最终选择效果最佳的设计作品作为终稿。

3．调整颜色

因为显示器的颜色模式与印刷的颜色模式有所不同，所以在最后输出文件时，需要对画面颜色进行多次对比、调整，尽可能减小显示器中的显示效果与实际印刷效果的颜色差异。

4．确定打印尺寸

在计算机中最终存档时，根据印刷需要的尺寸保存文件，既方便保存、管理图像，也可以节省磁盘空间，方便传输文件。在平面广告制作中，一般由客户决定或由广告代理公司根据广告费用预算及实际展示效果选择合适的媒体发布广告。平面广告在不同的媒体背景、环境条件下，能够产生不同的视觉效果。

02 第 2 章
新媒体广告

　　新媒体广告是互联网传播领域的一种重要传播载体，设计与制作新媒体广告已成为当下广告设计师的必要技能之一。通过本章的学习，读者可以熟悉新媒体广告的设计思路，掌握新媒体广告的制作方法和技巧。

课堂学习目标

- 了解新媒体广告的定义
- 了解新媒体广告的特点
- 熟悉新媒体广告的设计形式
- 掌握新媒体广告的制作方法和技巧

素养目标

- 提高新媒体广告审美水平
- 培养商业设计思维

2.1　新媒体广告概述

2.1.1　新媒体广告的定义

新媒体广告（New Media Advertising），是专指在数字化技术平台上投放的广告，包括微信小程序广告、App 活动广告和闪屏广告等，如图 2-1 所示。新媒体广告有别于传统媒体广告，具有多种内容形态及传播形式，并且可以不断更新。

图 2-1

2.1.2　新媒体广告的特点

1．易传播

新媒体广告借助手机、平板电脑及 PC（Personal Computer，个人计算机）等设备，通过网络方便用户之间进行分享，有利于传播。

2．创意强

新媒体广告将信息展示与动态效果相结合，打破了传统媒体广告的单一呈现方式，使平面广告具有了更强的创意形式。

3．定位准

相对于传统媒体广告，新媒体广告更具有针对性。通过推算方法，企业能够清楚地知道用户需求，从而进行精准的广告投放。

2.1.3　新媒体广告的设计形式

1．互联网广告

互联网广告主要以 PC 为载体，其在新媒体广告中的发展速度最具代表性，主要的形式有弹窗广告、视频广告和横幅广告等，如图 2-2 所示。

图 2-2

2．移动媒体广告

移动媒体广告主要以手机等移动设备为媒体，是依靠移动媒体的发展而产生的一种广告形态，其主要形式有微信小程序广告、App 弹窗广告、App 闪屏广告等，如图 2-3 所示。

图 2-3

3．数字电视广告

数字电视广告主要以数字电视设备为媒体，可以通过公交地铁移动电视、电梯电视、家庭智能电视等媒体展现，如图 2-4 所示。

图 2-4

2.2　笔记本电脑广告设计

笔记本电脑
广告设计 1

笔记本电脑
广告设计 2

笔记本电脑
广告设计 3

2.2.1　案例分析

本案例是为某电子产品公司的一款笔记本电脑设计制作广告，这是一款集休闲娱乐与商务办公于一体的多功能笔记本电脑，要求设计突出笔记本电脑的高清特性。

2.2.2　设计理念

在设计过程中，通过背景中渐隐的线条和立体几何图形营造科技感；通过笔记本电脑实物图片展示产品的简约、时尚造型；在产品上方以醒目的宣传语突出产品的高清特性（最终效果参看云盘中的"Ch02 > 效果 > 笔记本电脑广告设计 > 笔记本电脑广告.ai"，见图 2-5）。

图 2-5

2.2.3　操作步骤

Photoshop 应用

1. 制作广告底图

（1）打开 Photoshop 2020，按 Ctrl+O 组合键，弹出"打开"对话框。选择云盘中的"Ch02 > 素材 > 笔记本电脑广告设计 > 01、02"文件，单击"打开"按钮，打开图片，如图 2-6 所示。选择"移动"工具 ，将"02"图片拖曳到"01"图像窗口中的适当位置，效果如图 2-7 所示。在"图层"面板中将生成新的图层，将其命名为"地板"。

图 2-6

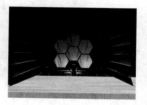
图 2-7

（2）单击"图层"面板下方的"添加图层蒙版"按钮 ，为"地板"图层添加图层蒙版，如图 2-8 所示。将前景色设置为黑色。选择"画笔"工具 ，在属性栏中单击"画笔预设"选项右侧的 按钮，在弹出的画笔面板中选择需要的画笔形状，如图 2-9 所示。在图像窗口中涂抹，擦除不需要的部分，效果如图 2-10 所示。

图 2-8

图 2-9

图 2-10

（3）单击"图层"面板下方的"创建新的填充或调整图层"按钮 ，在弹出的菜单中选择"色彩平衡"命令。在"图层"面板中将生成"色彩平衡 1"图层，同时弹出"色彩平衡"的"属性"面板，单击"此调整影响下面的所有图层"按钮 ，使其显示为"此调整剪切到此图层"按钮 ，其他选项的设置如图 2-11 所示。按 Enter 键确定操作，图像效果如图 2-12 所示。

图 2-11

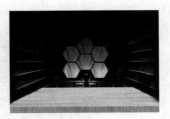

图 2-12

（4）单击"图层"面板下方的"创建新的填充或调整图层"按钮 ，在弹出的菜单中选择"曲线"命令。在"图层"面板中将生成"曲线 1"图层，同时弹出"曲线"的"属性"面板，在曲线上单击以添加控制点，将"输入"设置为 176，"输出"设置为 44，单击"此调整影响下面的所有图层"按钮 ，使其显示为"此调整剪切到此图层"按钮 ，其他选项的设置如图 2-13 所示。按 Enter 键确定操作，图像效果如图 2-14 所示。

图 2-13

图 2-14

（5）单击"图层"面板下方的"创建新的填充或调整图层"按钮 ，在弹出的菜单中选择"色阶"命令。在"图层"面板中将生成"色阶 1"图层，同时弹出"色阶"的"属性"面板，单击"此调整影响下面的所有图层"按钮 ，使其显示为"此调整剪切到此图层"按钮 ，其他选项的设置如图 2-15 所示。按 Enter 键确定操作，图像效果如图 2-16 所示。

（6）按 Ctrl+O 组合键，弹出"打开"对话框。选择云盘中的"Ch02 > 素材 > 笔记本电脑广告设计 > 03、04"文件，单击"打开"按钮，打开图片。选择"移动"工具 ，分别将图片拖曳到图像窗口中的适当位置，效果如图 2-17 所示。在"图层"面板中将分别生成新的图层，将它们命名为"底座"和"电脑"。

（7）单击"图层"面板下方的"添加图层样式"按钮 ，在弹出的菜单中选择"投影"命令，在弹出的对话框中进行设置，如图 2-18 所示。单击"确定"按钮，效果如图 2-19 所示。

（8）选择"移动"工具 ，按住 Alt+Shift 组合键的同时，水平向右拖曳图片到适当的位置，复制图片，效果如图 2-20 所示。按 Ctrl+T 组合键，图片周围将出现变换框，在变换框中单击鼠标右键，在弹出的快捷菜单中选择"水平翻转"命令，将图片水平翻转。按 Enter 键确定操作，效果如图 2-21 所示。

图 2-15　　　　　　　　　　图 2-16　　　　　　　　　　图 2-17

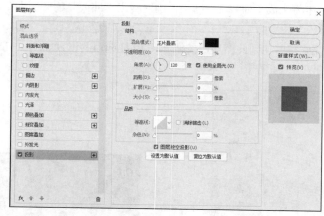

图 2-18

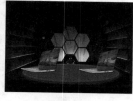

　　　　图 2-19　　　　　　　　　　图 2-20　　　　　　　　　　图 2-21

（9）按 Ctrl+O 组合键，弹出"打开"对话框。选择云盘中的"Ch02 > 素材 > 笔记本电脑广告设计 > 05、06"文件，单击"打开"按钮，打开图片。选择"移动"工具 ，分别将图片拖曳到图像窗口中的适当位置，效果如图 2-22 所示。在"图层"面板中将分别生成新的图层，将它们命名为"电脑 2"和"漂浮"。

（10）在"电脑"图层上单击鼠标右键，在弹出的快捷菜单中选择"拷贝图层样式"命令。在"电脑 2"图层上单击鼠标右键，在弹出的快捷菜单中选择"粘贴图层样式"命令，效果如图 2-23 所示。

（11）按 Shift+Ctrl+E 组合键，合并可见图层。按 Shift+Ctrl+S 组合键，弹出"另存为"对话框，将其命名为"笔记本电脑广告底图"，保存为 JPEG 格式。单击"保存"按钮，弹出"JPEG 选项"对话框，单击"确定"按钮，将图像保存。

图 2-22

图 2-23

Illustrator 应用

2. 添加广告标语

（1）打开 Illustrator 2020，按 Ctrl+N 组合键，弹出"新建文档"对话框。设置文档的宽度为 239 mm，高度为 164 mm，方向为横向，出血为 3 mm，颜色模式为 CMYK，单击"创建"按钮，新建一个文档。

（2）选择"文件 > 置入"命令，弹出"置入"对话框。选择云盘中的"Ch02 > 效果 > 笔记本电脑广告设计 > 笔记本电脑广告底图.jpg"文件，单击"置入"按钮，在页面中单击置入图片。单击属性栏中的"嵌入"按钮，嵌入图片。选择"选择"工具 ▶，拖曳图片到适当的位置，效果如图 2-24 所示。按 Ctrl+2 组合键，锁定所选对象。

（3）选择"文字"工具 T，在页面中适当的位置分别输入需要的文字。选择"选择"工具 ▶，在属性栏中分别选择合适的字体并设置文字大小。将输入的文字同时选取，设置填充色为浅灰色（其 CMYK 值为 0、0、0、30），填充文字，效果如图 2-25 所示。

图 2-24

图 2-25

（4）双击"倾斜"工具 ✏，弹出"倾斜"对话框，各选项的设置如图 2-26 所示。单击"确定"按钮，倾斜文字，效果如图 2-27 所示。

图 2-26

图 2-27

（5）选择"矩形"工具 ▢，在适当的位置绘制一个矩形，设置描边色为黄色（其 CMYK 值为 0、

0、100、0），填充描边，并设置填充色为无，效果如图 2-28 所示。

（6）选择"文字"工具 T，在适当的位置输入需要的文字。选择"选择"工具 ▶，在属性栏中选择合适的字体并设置文字大小，填充文字为白色，效果如图 2-29 所示。

图 2-28

图 2-29

（7）按 Ctrl+T 组合键，弹出"字符"面板，将"设置所选字符的字距调整"选项 VA 设置为 45，其他选项的设置如图 2-30 所示。按 Enter 键确定操作，效果如图 2-31 所示。

图 2-30

图 2-31

（8）选择"文字"工具 T，选取文字"直降 500"，在属性栏中选择合适的字体。设置填充色为黄色（其 CMYK 值为 0、0、100、0），填充文字，效果如图 2-32 所示。用相同的方法制作文字"再减 100"，效果如图 2-33 所示。

图 2-32

图 2-33

（9）选择"矩形"工具 □，在适当的位置绘制一个矩形，填充为白色，并设置描边色为无，效果如图 2-34 所示。在属性栏中将"不透明度"选项设置为 20%。按 Enter 键确定操作，效果如图 2-35 所示。

图 2-34

图 2-35

（10）选择"文字"工具 T，在适当的位置输入需要的文字。选择"选择"工具 ▶，在属性栏中选择合适的字体并设置文字大小，填充文字为白色，效果如图 2-36 所示。

图 2-36

（11）选择"文字"工具 **T**，选取数字"010-…88"，在属性栏中选择合适的字体并设置文字大小，效果如图 2-37 所示。

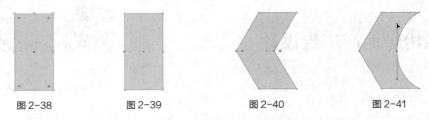

图 2-37

3．添加商标和其他文字

（1）选择"矩形"工具 ▭，在页面外绘制一个矩形，设置填充色为黄色（其 CMYK 值为 0、0、100、0），并设置描边色为无，效果如图 2-38 所示。

（2）选择"添加锚点"工具 ✍，分别在矩形左边和右边的中间位置单击，添加两个锚点，效果如图 2-39 所示。选择"直接选择"工具 ▷，按住 Shift 键将添加的锚点同时选取，水平向左拖曳锚点到适当的位置，效果如图 2-40 所示。

（3）选择"锚点"工具 ⌐，向上拖曳右侧锚点的控制手柄到适当的位置，将所选锚点转换为平滑状态，效果如图 2-41 所示。

图 2-38　　　　图 2-39　　　　图 2-40　　　　图 2-41

（4）选择"矩形"工具 ▭，在适当的位置绘制一个矩形，设置填充色为黄色（其 CMYK 值为 0、0、100、0），并设置描边色为无，效果如图 2-42 所示。

（5）选择"倾斜"工具 ◿，按住 Alt 键的同时，在矩形左下角单击，将弹出"倾斜"对话框，各选项的设置如图 2-43 所示。单击"确定"按钮，倾斜矩形，效果如图 2-44 所示。

图 2-42　　　　　　　图 2-43　　　　　　　图 2-44

（6）选择"选择"工具 ▶，按住 Alt 键的同时，向上拖曳倾斜矩形到适当的位置，复制矩形，效果如图 2-45 所示。

（7）选择"文字"工具 **T**，在适当的位置分别输入需要的文字。选择"选择"工具 ▶，在属性栏中分别选择合适的字体并设置文字大小，效果如图 2-46 所示。

图 2-45　　　　　　　　　　　　图 2-46

（8）将输入的文字同时选取，设置填充色为黄色（其 CMYK 值为 0、0、100、0），填充文字，效果如图 2-47 所示。用框选的方法将图形和文字同时选取，按 Ctrl+G 组合键将其编组，并拖曳编组图形到页面中适当的位置，效果如图 2-48 所示。笔记本电脑广告制作完成。

图 2-47

图 2-48

轻怡房地产　　　　轻怡房地产
广告设计 1　　　　广告设计 2

2.3　轻怡房地产广告设计

2.3.1　案例分析

本案例是为某房地产公司设计制作房地产销售广告，要求设计重点体现楼盘典雅的风格和优美的环境。

2.3.2　设计理念

在设计过程中，以楼盘及周边环境的实景图片为展示主体；错落有致的楼宇造型别致，花园般的环境令人心旷神怡；楼盘及公司的信息文字作为点缀，既丰富了画面，又方便顾客联系咨询（最终效果参看云盘中的"Ch02 > 效果 > 轻怡房地产广告设计 > 轻怡房地产广告.ai"，见图 2-49）。

图 2-49

2.3.3　操作步骤

Photoshop 应用

1．制作广告底图

（1）打开 Photoshop 2020，按 Ctrl+N 组合键，弹出"新建文档"对话框。设置宽度为 24.5 厘米，高度为 17 厘米，分辨率为 150 像素/英寸，颜色模式为 RGB，背景内容为白色，单击"创建"按钮，新建一个文档。

（2）按 Ctrl+O 组合键，弹出"打开"对话框。选择云盘中的"Ch02 > 素材 > 轻怡房地产广告设计 > 01~03"文件，单击"打开"按钮，打开图片。选择"移动"工具 ✛，分别将图片拖曳到图像窗口中的适当位置，效果如图 2-50 所示。在"图层"面板中将分别生成新的图层，将它们命名为

"天空""植物""光线"，如图 2-51 所示。

图 2-50

图 2-51

（3）在"图层"面板中，将"光线"图层的混合模式设置为"线性减淡（添加）"，"填充"选项设置为 46%，如图 2-52 所示，图像效果如图 2-53 所示。

（4）按 Ctrl+O 组合键，弹出"打开"对话框。选择云盘中的"Ch02 > 素材 > 轻怡房地产广告设计 > 04"文件，单击"打开"按钮，打开图片。选择"移动"工具 ，将图片拖曳到图像窗口中的适当位置，效果如图 2-54 所示。在"图层"面板中将生成新的图层，将其命名为"光线 1"。

图 2-52

图 2-53

图 2-54

（5）在"图层"面板中，将"光线 1"图层的混合模式设置为"颜色减淡"，"填充"选项设置为 38%，如图 2-55 所示，图像效果如图 2-56 所示。

图 2-55

图 2-56

（6）新建图层并将其命名为"颜色加深"。将前景色设置为海蓝色（其 RGB 值为 36、31、61），按 Alt+Delete 组合键，用前景色填充"颜色加深"图层，效果如图 2-57 所示。

（7）在"图层"面板中，将"颜色加深"图层的混合模式设置为"颜色加深"，"填充"选项设置为 12%，如图 2-58 所示，图像效果如图 2-59 所示。

图 2-57　　　　　　　　　　　图 2-58　　　　　　　　　　　图 2-59

（8）按 Shift+Ctrl+E 组合键，合并可见图层。按 Ctrl+S 组合键，弹出"另存为"对话框，将其命名为"轻怡房地产广告底图"，保存为 JPEG 格式。单击"保存"按钮，弹出"JPEG 选项"对话框，单击"确定"按钮，将图像保存。

Illustrator 应用

2. 添加广告标题和商标

（1）打开 Illustrator 2020，按 Ctrl+N 组合键，弹出"新建文档"对话框。设置文档的宽度为239 mm，高度为 164 mm，方向为横向，出血为 3 mm，颜色模式为 CMYK，单击"创建"按钮，新建一个文档。

（2）选择"文件 > 置入"命令，弹出"置入"对话框。选择云盘中的"Ch02 > 效果 > 轻怡房地产广告设计 > 轻怡房地产广告底图.jpg"文件，单击"置入"按钮，在页面中单击置入图片，单击属性栏中的"嵌入"按钮，嵌入图片。选择"选择"工具 ▶，拖曳图片到适当的位置，效果如图 2-60所示。按 Ctrl+2 组合键，锁定所选对象。

（3）选择"文字"工具 **T**，在适当的位置输入需要的文字。选择"选择"工具 ▶，在属性栏中选择合适的字体并设置文字大小，效果如图 2-61 所示。

图 2-60　　　　　　　　　　　　　　　图 2-61

（4）选择"文字"工具 **T**，在文字"品"右侧单击以插入光标，如图 2-62 所示。选择"文字 > 字形"命令，弹出"字形"面板，设置字体并选择需要的字形，如图 2-63 所示。双击插入字形，效果如图 2-64 所示。

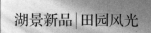
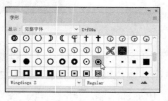

图 2-62　　　　　　　　　　　图 2-63　　　　　　　　　　　图 2-64

（5）选中插入的字形，按 Ctrl+T 组合键，弹出"字符"面板，将"设置基线偏移" $\underset{\text{A}}{\text{A}}$ 选项设置为 3 pt，其他选项的设置如图 2-65 所示。按 Enter 键确定操作，效果如图 2-66 所示。

图 2-65

图 2-66

（6）选择"文字"工具 T，在适当的位置输入需要的文字。选择"选择"工具 ▶，在属性栏中选择合适的字体并设置文字大小，效果如图 2-67 所示。

（7）选中数字"2"，在"字符"面板中单击"上标"按钮 T¹，其他选项的设置如图 2-68 所示。按 Enter 键确定操作，效果如图 2-69 所示。

图 2-67

图 2-68

图 2-69

（8）选择"文件 > 置入"命令，弹出"置入"对话框。选择云盘中的"Ch02 > 素材 > 轻怡房地产广告设计 > 05"文件，单击"置入"按钮，在页面中单击置入图片。单击属性栏中的"嵌入"按钮，嵌入图片。选择"选择"工具 ▶，拖曳图片到适当的位置，并调整其大小，效果如图 2-70 所示。

（9）选择"文字"工具 T，在适当的位置输入需要的文字。选择"选择"工具 ▶，在属性栏中选择合适的字体并设置文字大小，效果如图 2-71 所示。用相同的方法置入"06.png""07.png"图片并输入相应的文字，效果如图 2-72 所示。

图 2-70

图 2-71

图 2-72

（10）选择"直线段"工具 ，按住 Shift 键的同时，在适当的位置绘制一条竖线，效果如图 2-73 所示。选择"选择"工具 ，按住 Alt+Shift 组合键的同时，水平向右拖曳竖线到适当的位置，复制竖线，效果如图 2-74 所示。

图 2-73　　　　　　　　　　　　图 2-74

（11）选择"文字"工具 T ，在适当的位置输入需要的文字。选择"选择"工具 ，在属性栏中选择合适的字体并设置文字大小，效果如图 2-75 所示。

（12）在"字符"面板中，将"设置行距"选项 设置为 12 pt，其他选项的设置如图 2-76 所示。按 Enter 键确定操作，效果如图 2-77 所示。

图 2-75　　　　　　　　　图 2-76　　　　　　　　　图 2-77

（13）选择"文字"工具 T ，在适当的位置分别输入需要的文字。选择"选择"工具 ，在属性栏中分别选择合适的字体并设置文字大小，效果如图 2-78 所示。

（14）选择"文字"工具 T ，输入需要的文字。选择"选择"工具 ，在属性栏中选择合适的字体并设置文字大小。选择"文字 > 文字方向 > 垂直"命令，将水平文字转换为垂直文字，微调文字到适当的位置，效果如图 2-79 所示。

图 2-78

图 2-79

（15）在"字符"面板中，将"设置所选字符的字距调整"选项 设置为 150，其他选项的设置如图 2-80 所示。按 Enter 键确定操作，效果如图 2-81 所示。

（16）选择"钢笔"工具 ，在适当的位置绘制一个不规则图形，设置填充色为红色（其 CMYK 值为 0、100、100、0），并设置描边色为无，效果如图 2-82 所示。

（17）选择"直排文字"工具 ，在适当的位置输入需要的文字。选择"选择"工具 ，在属性栏中选择合适的字体并设置文字大小,效果如图 2-83 所示。选择"文字 > 创建轮廓"命令,将文字转换为轮廓,效果如图 2-84 所示。

图 2-80

图 2-81

图 2-82

图 2-83

图 2-84

(18)选择"选择"工具 ,按住 Shift 键的同时,单击下方红色图形将其选取。选择"窗口 > 路径查找器"命令,弹出"路径查找器"面板,单击"减去顶层"按钮 ,如图 2-85 所示,将生成新的对象,效果如图 2-86 所示。轻怡房地产广告制作完成,效果如图 2-87 所示。

图 2-85

图 2-86

图 2-87

2.4 食品广告设计

食品
广告设计 1

食品
广告设计 2

2.4.1 案例分析

本案例是为太阳湖大闸蟹设计制作广告。要求设计在展示产品品质的同时,突出优惠信息。

2.4.2 设计理念

在设计过程中,采用俯视视角,背景是各类调料图片,营造亲切的家常感;前景右侧是蒸熟上桌的大闸蟹图片,令人垂涎欲滴,体现产品的肥美;前景左侧以简要的文字介绍优惠信息,表明商家诚意(最终效果参看云盘中的"Ch02 > 效果 > 食品广告设计 > 食品广告.ai",见图 2-88)。

图 2-88

2.4.3 操作步骤

Photoshop 应用

1. 制作广告底图

（1）打开 Photoshop 2020，按 Ctrl+O 组合键，弹出"打开"对话框。选择云盘中的"Ch02 > 素材 > 食品广告设计 > 01、02"文件，单击"打开"按钮，打开图片，如图 2-89 所示。选择"移动"工具 ⊕，将"02"图片拖曳到"01"图像窗口中的适当位置，效果如图 2-90 所示。在"图层"面板中将生成新的图层，将其命名为"桌布"。

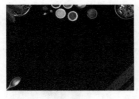

图 2-89   图 2-90

（2）单击"图层"面板下方的"添加图层样式"按钮 *fx*，在弹出的菜单中选择"投影"命令，在弹出的对话框中进行设置，如图 2-91 所示。单击"确定"按钮，效果如图 2-92 所示。

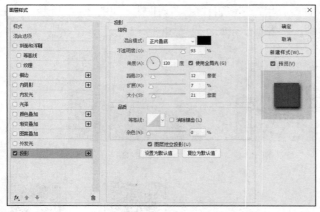

图 2-91   图 2-92

（3）按 Ctrl+O 组合键，弹出"打开"对话框。选择云盘中的"Ch02 > 素材 > 食品广告设计 > 03"文件，单击"打开"按钮，打开图片。选择"移动"工具 ⊕，将图片拖曳到图像窗口中的适当位置，效果如图 2-93 所示。在"图层"面板中将生成新的图层，将其命名为"大闸蟹"。

（4）单击"图层"面板下方的"创建新的填充或调整图层"按钮 ◑，在弹出的菜单中选择"色阶"命令。在"图层"面板中将生成"色阶 1"图层，同时弹出"色阶"的"属性"面板，单击"此调整影响下面的所有图层"按钮 ⬚，使其显示为"此调整剪切到此图层"按钮 ⬚，其他选项的设置如图 2-94 所示。按 Enter 键确定操作，图像效果如图 2-95 所示。

（5）按 Shift+Ctrl+E 组合键，合并可见图层。按 Shift+Ctrl+S 组合键，弹出"另存为"对话框，将其命名为"食品广告底图"，保存为 JPEG 格式。单击"保存"按钮，弹出"JPEG 选项"对话框，单击"确定"按钮，将图像保存。

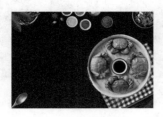

图 2-93   图 2-94   图 2-95

Illustrator 应用

2.添加并编辑标题文字

（1）打开 Illustrator 2020 软件，按 Ctrl+N 组合键，弹出"新建文档"对话框。设置文档的宽度为 239 mm，高度为 164 mm，方向为横向，出血为 3 mm，颜色模式为 CMYK，单击"创建"按钮，新建一个文档。

（2）选择"文件 > 置入"命令，弹出"置入"对话框。选择云盘中的"Ch02 > 效果 > 食品广告设计 > 食品广告底图.jpg"文件，单击"置入"按钮，在页面中单击置入图片，单击属性栏中的"嵌入"按钮，嵌入图片。选择"选择"工具 ▶，拖曳图片到适当的位置，效果如图 2-96 所示。按 Ctrl+2 组合键，锁定所选对象。

（3）选择"文字"工具 T，在适当的位置输入需要的文字。选择"选择"工具 ▶，在属性栏中选择合适的字体并设置文字大小，填充文字为白色，效果如图 2-97 所示。

（4）按 Ctrl+T 组合键，弹出"字符"面板，将"设置所选字符的字距调整"选项 ⅤⱯ 设置为-250，其他选项的设置如图 2-98 所示。按 Enter 键确定操作，效果如图 2-99 所示。

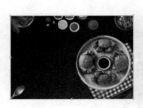
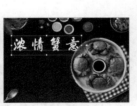

图 2-96   图 2-97   图 2-98   图 2-99

（5）选择"文件 > 置入"命令，弹出"置入"对话框。选择云盘中的"Ch02 > 素材 > 食品广告设计 > 04"文件，单击"置入"按钮，在页面中单击置入图片。单击属性栏中的"嵌入"按钮，嵌入图片。选择"选择"工具 ▶，拖曳图片到适当的位置，并调整其大小，效果如图 2-100 所示。按 Ctrl+ [组合键，将图片后移一层，效果如图 2-101 所示。

（6）选择"选择"工具 ▶，按住 Shift 键的同时，单击上方白色文字将其选取，如图 2-102 所示。按 Ctrl+7 组合键，建立剪切蒙版，效果如图 2-103 所示。

（7）选择"椭圆"工具 ⬭，按住 Shift 键的同时，在适当的位置绘制一个圆形。设置描边色为土黄色（其 CMYK 值为 0、33、89、0），填充描边，并设置填充色为无，效果如图 2-104 所示。

（8）选择"选择"工具 ▶，按住 Alt+Shift 组合键的同时，水平向右拖曳圆形到适当的位置，复制圆形，效果如图 2-105 所示。

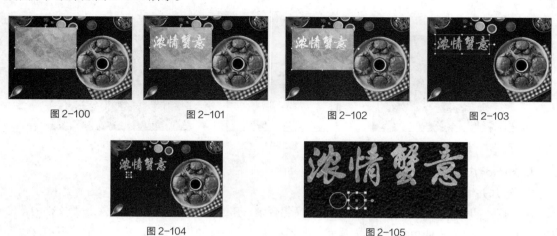

图 2-100　　　　　　图 2-101　　　　　　图 2-102　　　　　　图 2-103

图 2-104　　　　　　　　　　　　　图 2-105

（9）连续按 Ctrl+D 组合键，按需要复制出多个圆形，效果如图 2-106 所示。选择"文字"工具 Ｔ，在适当的位置输入需要的文字。选择"选择"工具 ▶，在属性栏中选择合适的字体并设置文字大小。设置填充色为土黄色（其 CMYK 值为 0、33、89、0），填充文字，效果如图 2-107 所示。

图 2-106　　　　　　　　　　图 2-107

（10）在"字符"面板中，将"设置所选字符的字距调整"选项 ⅤA 设置为 220，其他选项的设置如图 2-108 所示。按 Enter 键确定操作，效果如图 2-109 所示。

图 2-108　　　　　　　　　　图 2-109

（11）选择"直线段"工具 ✏，按住 Shift 键的同时，在适当的位置绘制一条直线段。设置描边色为土黄色（其 CMYK 值为 0、33、89、0），填充描边，效果如图 2-110 所示。选择"选择"工具 ▶，按住 Alt+Shift 组合键的同时，水平向右拖曳直线段到适当的位置，复制直线段，效果如图 2-111 所示。

（12）按 Ctrl+O 组合键，弹出"打开"对话框。选择云盘中的"Ch02 > 素材 > 食品广告设计 > 05"文件，单击"打开"按钮，打开文件。选择"选择"工具 ▶，选取需要的图形和文字，按 Ctrl+C 组合键复制图形和文字，选择正在编辑的页面，按 Ctrl+V 组合键将其粘贴到页面中，并拖曳到适当的位置，效果如图 2-112 所示。食品广告制作完成，效果如图 2-113 所示。

图 2-110

图 2-111

图 2-112

图 2-113

冰箱
广告设计 1

冰箱
广告设计 2

 # 2.5　冰箱广告设计

2.5.1　案例分析

本案例是为某电器公司新推出的一款冰箱设计制作广告，要求设计风格简约，能体现产品的智能特色和公司信息。

2.5.2　设计理念

在设计过程中，将产品实物图片作为画面主体，干净的背景与产品简约、大气的风格和谐统一，角落的落地灯为画面增添了暖意；齐整的文字版式与产品的造型贴合（最终效果参看云盘中的"Ch02 > 效果 > 冰箱广告设计 > 冰箱广告.ai"，见图 2-114）。

图 2-114

2.5.3　操作步骤

Photoshop 应用

1. 制作广告底图

（1）打开 Photoshop 2020，按 Ctrl+O 组合键，弹出"打开"对话框。选择云盘中的"Ch02 > 素

材 > 冰箱广告设计 > 01、02"文件，单击"打开"按钮，打开图片，如图 2-115 所示。选择"移动"工具 ⊕，将"02"图片拖曳到"01"图像窗口中的适当位置，效果如图 2-116 所示。在"图层"面板中将生成新的图层，将其命名为"背景墙"。

图 2-115　　　　　　　　　　　　　　　　图 2-116

（2）单击"图层"面板下方的"创建新的填充或调整图层"按钮 ◑，在弹出的菜单中选择"色彩平衡"命令。在"图层"面板中将生成"色彩平衡 1"图层，同时弹出"色彩平衡"的"属性"面板，单击"此调整影响下面的所有图层"按钮 ⊷ ，使其显示为"此调整剪切到此图层"按钮 ⊶ ，其他选项的设置如图 2-117 所示。按 Enter 键确定操作，图像效果如图 2-118 所示。

（3）按 Ctrl+O 组合键，弹出"打开"对话框。选择云盘中的"Ch02 > 素材 > 冰箱广告设计 > 03"文件，单击"打开"按钮，打开图片。选择"移动"工具 ⊕，将图片拖曳到图像窗口中的适当位置，效果如图 2-119 所示。在"图层"面板中将生成新的图层，将其命名为"冰箱"。

图 2-117　　　　　　　　　图 2-118　　　　　　　　　图 2-119

（4）单击"图层"面板下方的"添加图层样式"按钮 ƒx，在弹出的菜单中选择"投影"命令，在弹出的对话框中进行设置，如图 2-120 所示。单击"确定"按钮，效果如图 2-121 所示。

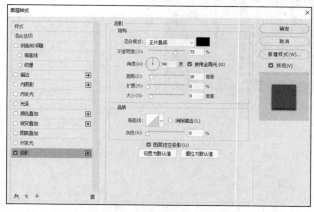

图 2-120　　　　　　　　　　　　　　　　　　图 2-121

（5）按 Ctrl+O 组合键，弹出"打开"对话框。选择云盘中的"Ch02 > 素材 > 冰箱广告设计 > 04"文件，单击"打开"按钮，打开图片。选择"移动"工具 ⊕，将图片拖曳到图像窗口中的适当位置，效果如图 2-122 所示。在"图层"面板中将生成新的图层，将其命名为"冰箱阴影"。

（6）在"图层"面板中，将"冰箱阴影"图层的混合模式设置为"正片叠底"，并拖曳到"冰箱"图层的下方，如图 2-123 所示，图像效果如图 2-124 所示。

图 2-122　　　　　　　　图 2-123　　　　　　　　图 2-124

（7）单击"图层"面板下方的"创建新的填充或调整图层"按钮 ◑，在弹出的菜单中选择"曲线"命令。在"图层"面板中将生成"曲线 1"图层，同时弹出"曲线"的"属性"面板，在曲线上单击以添加控制点，将"输入"设置为 115，"输出"设置为 155，单击"此调整影响下面的所有图层"按钮 ◄□，使其显示为"此调整剪切到此图层"按钮 ◄□，其他选项的设置如图 2-125 所示。按 Enter 键确定操作，图像效果如图 2-126 所示。

图 2-125　　　　　　　　　　图 2-126

（8）单击"图层"面板下方的"创建新的填充或调整图层"按钮 ◑，在弹出的菜单中选择"色彩平衡"命令。在"图层"面板中将生成"色彩平衡 2"图层，同时弹出"色彩平衡"的"属性"面板，单击"此调整影响下面的所有图层"按钮 ◄□，使其显示为"此调整剪切到此图层"按钮 ◄□，其他选项的设置如图 2-127 所示。按 Enter 键确定操作，图像效果如图 2-128 所示。

（9）按 Ctrl+O 组合键，弹出"打开"对话框。选择云盘中的"Ch02 > 素材 > 冰箱广告设计 > 05"文件，单击"打开"按钮，打开图片。选择"移动"工具 ⊕，将图片拖曳到图像窗口中的适当位置，效果如图 2-129 所示。在"图层"面板中将生成新的图层，将其命名为"灯"。

（10）按 Shift+Ctrl+E 组合键，合并可见图层。按 Shift+Ctrl+S 组合键，弹出"另存为"对话框，将其命名为"冰箱广告底图"，保存为 JPEG 格式。单击"保存"按钮，弹出"JPEG 选项"对话框，单击"确定"按钮，将图像保存。

图 2-127

图 2-128

图 2-129

Illustrator 应用

2．添加宣传性文字

（1）打开 Illustrator 2020，按 Ctrl+N 组合键，弹出"新建文档"对话框。设置文档的宽度为 239 mm，高度为 164 mm，方向为横向，出血为 3 mm，颜色模式为 CMYK，单击"创建"按钮，新建一个文档。

（2）选择"文件 > 置入"命令，弹出"置入"对话框。选择云盘中的"Ch02 > 效果 > 冰箱广告设计 > 冰箱广告底图.jpg"文件，单击"置入"按钮，在页面中单击置入图片。单击属性栏中的"嵌入"按钮，嵌入图片。选择"选择"工具 ▶，拖曳图片到适当的位置，效果如图 2-130 所示。按 Ctrl+2 组合键，锁定所选对象。

（3）选择"文字"工具 **T**，在适当的位置分别输入需要的文字。选择"选择"工具 ▶，在属性栏中分别选择合适的字体并设置文字大小，效果如图 2-131 所示。

图 2-130

图 2-131

（4）选取上方的文字，填充为白色，效果如图 2-132 所示。选取下方的文字，设置填充色为黄色（其 CMYK 值为 0、0、100、0），填充文字，效果如图 2-133 所示。

图 2-132

图 2-133

（5）选择"选择"工具 ▶，用框选的方法将输入的文字同时选取，按 Ctrl+G 组合键将其编组，选择"效果 > 风格化 > 投影"命令，在弹出的对话框中进行设置，如图 2-134 所示。单击"确定"按钮，效果如图 2-135 所示。

图 2-134

图 2-135

（6）选择"文字"工具 T，在适当的位置输入需要的文字。选择"选择"工具 ▶，在属性栏中选择合适的字体并设置文字大小，填充文字为白色，效果如图 2-136 所示。选择"文字"工具 T，选取文字"大容量"，在属性栏中选择合适的字体，效果如图 2-137 所示。

图 2-136

图 2-137

（7）选择"直线段"工具 ✏，按住 Shift 键的同时，在适当的位置绘制一条直线段。设置描边为白色，效果如图 2-138 所示。

（8）选择"矩形"工具 ▢，在适当的位置绘制一个矩形，设置填充色为黄色（其 CMYK 值为 0、0、100、0），并设置描边色为无，效果如图 2-139 所示。

图 2-138

图 2-139

（9）选择"窗口 > 变换"命令，弹出"变换"面板。在"矩形属性："选项组中，将"圆角半径"选项设置为 3 mm 和 0 mm，"边角类型"设置为"倒角"，如图 2-140 所示。按 Enter 键确定操作，效果如图 2-141 所示。

（10）按 Ctrl+C 组合键复制图形，按 Ctrl+B 组合键将其粘贴在后面。微调图形到适当的位置，设置填充色为深蓝色（其 CMYK 值为 91、80、30、0），效果如图 2-142 所示。

（11）选择"选择"工具 ▶，按住 Shift 键的同时，单击黄色图形将其选取。双击"混合"工具 ▒，在弹出的"混合选项"对话框中进行设置，如图 2-143 所示，单击"确定"按钮。按 Alt+Ctrl+B 组合键，生成混合，效果如图 2-144 所示。

（12）选择"文字"工具 T，在适当的位置分别输入需要的文字。选择"选择"工具 ▶，在属性栏中分别选择合适的字体并设置文字大小，效果如图 2-145 所示。选取上方的文字，填充文字为白色，效果如图 2-146 所示。

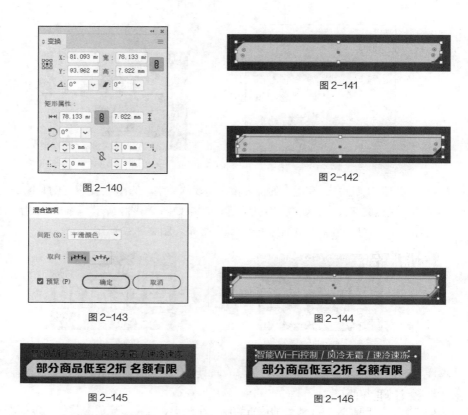

图 2-140

图 2-141

图 2-142

图 2-143

图 2-144

图 2-145

图 2-146

（13）选取下方的文字，设置填充色为深蓝色（其 CMYK 值为 91、80、30、0），填充文字，效果如图 2-147 所示。选择"文字"工具 **T**，在适当的位置输入需要的文字。选择"选择"工具 ▶，在属性栏中选择合适的字体并设置文字大小，填充文字为白色，效果如图 2-148 所示。

图 2-147

图 2-148

（14）按 Ctrl+T 组合键，弹出"字符"面板。将"设置行距" 选项设置为 21.5 pt，其他选项的设置如图 2-149 所示。按 Enter 键确定操作，效果如图 2-150 所示。

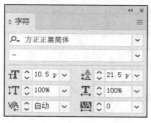

图 2-149

图 2-150

（15）选择"文字"工具 $\boxed{T}$，分别选取文字"活动时间："""活动地址：""抢购热线："，在属性栏中选择合适的字体并设置文字大小，取消文字的选取状态，效果如图 2-151 所示。冰箱广告制作完成，效果如图 2-152 所示。

图 2-151

图 2-152

2.6 手机广告设计

手机广告
设计1

手机广告
设计2

手机广告
设计3

2.6.1 案例分析

本案例是为某电子公司的一款手机设计制作广告。要求设计能够突出产品的品质和近期的优惠活动。

2.6.2 设计理念

在设计过程中，采用红色的背景烘托火热的预订氛围；对产品不同角度的展示突出了产品的时尚造型；宣传文字主题鲜明，优惠及购买信息一目了然（最终效果参看云盘中的"Ch02 > 效果 > 手机广告设计 > 手机广告.ai"，见图 2-153）。

图 2-153

2.6.3 操作步骤

Photoshop 应用

1. 制作广告底图

（1）打开 Photoshop 2020，按 Ctrl+N 组合键，弹出"新建文档"对话框。设置宽度为 24.5 厘米，高度为 17 厘米，分辨率为 150 像素/英寸，颜色模式为 RGB，背景内容为红色（其 RGB 值为 163、6、31），单击"创建"按钮，新建一个文档，效果如图 2-154 所示。

（2）按 Ctrl+O 组合键，弹出"打开"对话框。选择云盘中的"Ch02 > 素材 > 手机广告设计 > 01、02"文件，单击"打开"按钮，打开图片。选择"移动"工具 $\boxed{+}$，分别将图片拖曳到新建的图像窗口中适当的位置，效果如图 2-155 所示。在"图层"面板中将分别生成新的图层，将它们命名为"装饰"和"手机"。

（3）按 Ctrl+J 组合键复制"手机"图层，将生成新的图层，将其命名为"手机倒影"。将"手机倒影"图层拖曳到"手机"图层的下方，如图 2-156 所示。

（4）按 Ctrl+T 组合键，图像周围将出现变换框，按住 Shift 键的同时，垂直向下拖曳中心点到适当的位置，如图 2-157 所示。在变换框中单击鼠标右键，在弹出的快捷菜单中选择"垂直翻转"命令，垂直翻转图像。按 Enter 键确定操作，效果如图 2-158 所示。

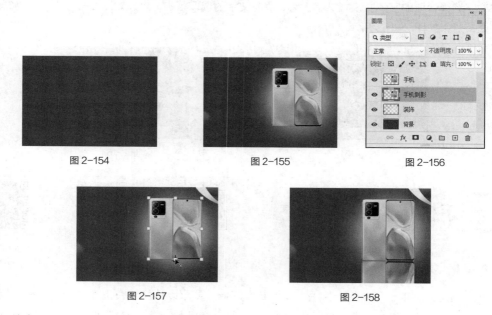

图 2-154　　　　　　　　图 2-155　　　　　　　　图 2-156

图 2-157　　　　　　　　图 2-158

（5）单击"图层"面板下方的"添加图层蒙版"按钮■，为"手机倒影"图层添加图层蒙版，如图 2-159 所示。选择"渐变"工具■，单击属性栏中的"点按可编辑渐变"按钮▅▅▅，弹出"渐变编辑器"窗口，将渐变色设置为黑色到白色，单击"确定"按钮。在图像窗口中拖曳鼠标，填充渐变色，松开鼠标左键，效果如图 2-160 所示。

图 2-159　　　　　　　　　　图 2-160

（6）选择"矩形"工具□，在属性栏中将"填充"颜色设置为黑色，"描边"颜色设置为无，在图像窗口中绘制一个矩形，效果如图 2-161 所示。在"图层"面板中将生成新的形状图层"矩形 1"。

（7）单击"图层"面板下方的"添加图层样式"按钮 f_x，在弹出的菜单中选择"渐变叠加"命令，弹出"图层样式"对话框。单击"点按可编辑渐变"按钮▅▅▅，弹出"渐变编辑器"窗口，在"位置"选项中分别输入 9、53、100 这 3 个位置点，分别设置 3 个位置点颜色的 RGB 值为 9（250、209、138）、53（255、236、208）、100（250、209、138），如图 2-162 所示。单击"确定"按钮，返回"图层样式"对话框，其他选项的设置如图 2-163 所示。单击"确定"按钮，图像效果如图 2-164 所示。

图 2-161

图 2-162

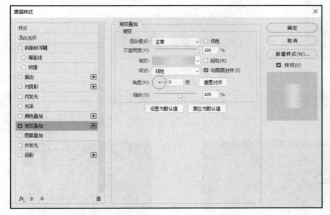

图 2-163

图 2-164

（8）按 Shift+Ctrl+E 组合键，合并可见图层。按 Ctrl+S 组合键，弹出"另存为"对话框，将其命名为"手机广告底图"，保存为 JPEG 格式。单击"保存"按钮，弹出"JPEG 选项"对话框，单击"确定"按钮，将图像保存。

Illustrator 应用

2．添加宣传文字和优惠券

（1）打开 Illustrator 2020，按 Ctrl+N 组合键，弹出"新建文档"对话框。设置文档的宽度为 239 mm，高度为 164 mm，方向为横向，出血为 3 mm，颜色模式为 CMYK，单击"创建"按钮，新建一个文档。

（2）选择"文件 > 置入"命令，弹出"置入"对话框。选择云盘中的"Ch02 > 效果 > 手机广告设计 > 手机广告底图.jpg"文件，单击"置入"按钮，在页面中单击置入图片，单击属性栏中的"嵌入"按钮，嵌入图片。选择"选择"工具▶，拖曳图片到适当的位置，效果如图 2-165 所示。按 Ctrl+2 组合键，锁定所选对象。

（3）选择"文字"工具 T，在页面中输入需要的文字。选择"选择"工具▶，在属性栏中选择合适的字体并设置文字大小，效果如图 2-166 所示。

图 2-165

图 2-166

（4）选择"文字"工具 T ，选取文字"0 元预订"，在属性栏中设置文字大小，效果如图 2-167 所示。选择"文件 > 置入"命令，弹出"置入"对话框。选择云盘中的"Ch02 > 素材 > 手机广告设计 > 03"文件，单击"置入"按钮，在页面中单击置入图片。单击属性栏中的"嵌入"按钮，嵌入图片。选择"选择"工具 ▶ ，拖曳图片到适当的位置，并调整其大小，效果如图 2-168 所示。

图 2-167

图 2-168

（5）按 Ctrl+ [组合键，将图片后移一层，效果如图 2-169 所示。按住 Shift 键的同时，单击上方黑色文字将其选取，如图 2-170 所示。按 Ctrl+7 组合键，建立剪切蒙版，效果如图 2-171 所示。

图 2-169

图 2-170

图 2-171

（6）选择"圆角矩形"工具 ▢ ，在页面中单击，弹出"圆角矩形"对话框，各选项的设置如图 2-172 所示，单击"确定"按钮，出现一个圆角矩形。选择"选择"工具 ▶ ，拖曳圆角矩形到适当的位置，效果如图 2-173 所示。

（7）选择"椭圆"工具 ⬭ ，按住 Shift 键的同时，在适当的位置绘制一个圆形，效果如图 2-174 所示。

图 2-172

图 2-173

图 2-174

（8）选择"选择"工具 ▶ ，按住 Alt+Shift 组合键的同时，垂直向下拖曳圆形到适当的位置，复制圆形，效果如图 2-175 所示。用框选的方法将圆角矩形和圆形同时选取，如图 2-176 所示。

图 2-175 　　　　　　　　　　　图 2-176

（9）选择"窗口 > 路径查找器"命令，弹出"路径查找器"面板。单击"减去顶层"按钮，如图 2-177 所示，生成新的对象，效果如图 2-178 所示。

图 2-177 　　　　　　　　　　　图 2-178

（10）双击"渐变"工具，弹出"渐变"面板，单击"线性渐变"按钮，在色带上设置两个渐变滑块，将渐变滑块的位置分别设置为 0、100，并设置 CMYK 值为 0（2、0、25、0）、100（0、29、53、0），其他选项的设置如图 2-179 所示。图形被填充为渐变色，设置描边色为无，效果如图 2-180 所示。

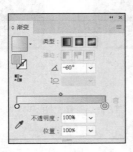

图 2-179 　　　　　　　　　　　图 2-180

（11）选择"直线段"工具，按住 Shift 键的同时，在适当的位置绘制一条竖线，设置描边为深红色（其 CMYK 值为 40、100、100、8），填充描边，效果如图 2-181 所示。

（12）选择"窗口 > 描边"命令，弹出"描边"面板。勾选"虚线"复选框，数值被激活，各选项的设置如图 2-182 所示。按 Enter 键确定操作，效果如图 2-183 所示。

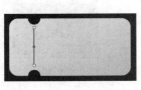

图 2-181 　　　　　　　图 2-182 　　　　　　　图 2-183

（13）选择"直排文字"工具，在适当的位置输入需要的文字。选择"选择"工具，在属性栏中选择合适的字体并设置文字大小。设置填充色为深红色（其 CMYK 值为 40、100、100、8），填充文字，效果如图 2-184 所示。

（14）选择"文字"工具，在适当的位置分别输入需要的文字。选择"选择"工具，在属性栏中分别选择合适的字体并设置文字大小，效果如图 2-185 所示。将输入的文字同时选取，设置填充色为深红色（其 CMYK 值为 40、100、100、8），填充文字，效果如图 2-186 所示。

图 2-184

图 2-185

图 2-186

（15）选择"文字"工具，选取数字"100"，在属性栏中设置文字大小，效果如图 2-187 所示。选择"选择"工具，用框选的方法将图形和文字同时选取，按住 Alt+Shift 组合键，水平向右拖曳图形和文字到适当的位置，复制图形和文字，效果如图 2-188 所示。选择"文字"工具，分别选取数字并重新输入，效果如图 2-189 所示。

图 2-187

图 2-188

图 2-189

3．添加选购信息

（1）选择"圆角矩形"工具，在页面中单击，弹出"圆角矩形"对话框，各选项的设置如图 2-190 所示。单击"确定"按钮，将生成一个圆角矩形。选择"选择"工具，拖曳圆角矩形到适当的位置，设置填充色为黄色（其 CMYK 值为 0、0、100、0），并设置描边色为无，效果如图 2-191 所示。

（2）选择"直排文字"工具，在适当的位置输入需要的文字。选择"选择"工具，在属性栏中选择合适的字体并设置文字大小，设置填充色为深红色（其 CMYK 值为 40、100、100、8），填充文字，效果如图 2-192 所示。

图 2-190

图 2-191

图 2-192

（3）选择"文字"工具 $\boxed{\text{T}}$，在适当的位置输入需要的文字。选择"选择"工具 $\boxed{\blacktriangleright}$，在属性栏中选择合适的字体并设置文字大小，设置填充色为黄色（其 CMYK 值为 0、0、100、0），填充文字，效果如图 2-193 所示。选择"文字"工具 $\boxed{\text{T}}$，选取数字"2999"，在属性栏中设置文字大小，效果如图 2-194 所示。

图 2-193　　　　　　　　　　图 2-194

（4）选择"选择"工具 $\boxed{\blacktriangleright}$，选取文字，双击"倾斜"工具 $\boxed{\text{⬈}}$，弹出"倾斜"对话框，选中"水平"单选项，其他选项的设置如图 2-195 所示。单击"确定"按钮，倾斜文字，效果如图 2-196 所示。

图 2-195　　　　　　　　　　图 2-196

（5）选择"文字"工具 $\boxed{\text{T}}$，在适当的位置分别输入需要的文字。选择"选择"工具 $\boxed{\blacktriangleright}$，在属性栏中分别选择合适的字体并设置文字大小，效果如图 2-197 所示。将输入的文字同时选取，设置填充色为深红色（其 CMYK 值为 40、100、100、8），填充文字，效果如图 2-198 所示。

图 2-197　　　　　　　　　　图 2-198

（6）选择"文字"工具 $\boxed{\text{T}}$，分别选取文字"活动地址："" 选购热线："，在属性栏中分别选择合适的字体并设置文字大小，效果如图 2-199 所示。

（7）选择"直线段"工具 $\boxed{\diagup}$，按住 Shift 键的同时，在适当的位置绘制一条竖线，设置描边色为深红色（其 CMYK 值为 40、100、100、8），填充描边，效果如图 2-200 所示。手机广告制作完成，效果如图 2-201 所示。

图 2-199　　　　　　　　　　　　图 2-200　　　　　　　　　　　　图 2-201

2.7　课堂练习——汽车广告设计

汽车广告设计1　　　汽车广告设计2

2.7.1　案例分析

本案例是为疾风汽车公司的新款汽车设计制作广告，要求设计重点展现该产品的性能与特色，起到吸引顾客的作用。

2.7.2　设计理念

在设计过程中，以都市中行驶的汽车图片作为画面主体，给人以风驰电掣的速度感，表现产品的卓越性能；图片下方放置产品细节图和文字简介，提高专业感，令顾客更加信赖（最终效果参看云盘中的"Ch02 > 效果 > 汽车广告设计 > 汽车广告.ai"，见图 2-202）。

图 2-202

2.8 课后习题——吸尘器广告设计

吸尘器广告设计1　　吸尘器广告设计2

2.8.1 案例分析

地宝是一家吸尘器厂商，现推出新款机器人吸尘器，要设计一款广告，用于平台宣传及推广。要求设计风格清新，并对产品参数给予展示。

2.8.2 设计理念

在设计过程中，采用绿色调的背景图片，一方面与前景中的产品色调统一，另一方面突出产品环保的特点；在产品图片左侧，以列表方式展示产品参数，信息清晰，方便顾客按需选购（最终效果参看云盘中的"Ch02 > 效果 > 吸尘器广告设计 > 吸尘器广告.ai"，见图 2-203）。

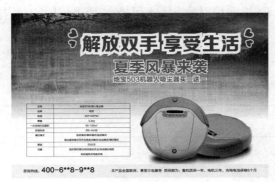

图 2-203

03 第3章
杂志广告

　　杂志广告，即刊登在杂志上的广告。杂志广告一般采用彩色印刷，用纸较好，表现力较强，还可以用较多的篇幅来传递商品信息，便于消费者决策。通过本章的学习，读者可以熟悉杂志广告的设计思路，掌握杂志广告的制作方法和技巧。

课堂学习目标

- 了解杂志广告的特点
- 了解杂志广告的优势
- 掌握杂志广告的制作方法和技巧

素养目标

- 培养细致严谨的工作作风
- 加深对中华优秀传统文化的热爱

3.1 杂志广告概述

3.1.1 杂志广告的特点

杂志的读者群体有其特定性和固定性，所以杂志的选题和内容更具针对性，如进行专业性较强的行业信息交流。正是由于这种特点，杂志广告的定位相对精准。同时，由于杂志大多为月刊或半月刊，更注重内容质量的打磨，所以杂志的保存时间比报纸要长很多。

杂志广告在设计时主要参照杂志的样本和开本进行版面划分，并且由于杂志一般会选用质量较好的纸张进行印刷，所以画面的印刷工艺精美、还原效果好、视觉形象清晰，如图 3-1~图 3-3 所示。

图 3-1

图 3-2

图 3-3

3.1.2 杂志广告的优势

1．特定的受众

大多数的杂志都是为某特定群体印制的，因此杂志广告应具有一定的选择性，可以针对该群体进行商品或服务的宣传。这样能使针对目标受众推出的广告的转化率更高。

2．阅读频率高

电视和广播信息变化快，留存时间短，而杂志的信息量多，保存性非常好，因此杂志中的广告能够被多次阅读，从而可加深受众对广告的印象。

3．图片精美

杂志的印刷质量相对于报纸要高很多，图片的清晰度也非常高，能够很好地展示商品的色彩和质感。此外，光滑、细腻的印刷纸张也从侧面提升了产品的档次。

3.2 电视机广告设计

电视机
广告设计1

电视机
广告设计2

3.2.1 案例分析

本案例是为某品牌的智能电视机设计制作广告，要求广告能够突出产品高清、大屏的特点。

3.2.2 设计理念

在设计过程中，采用广阔的海洋图片作为背景，给人心旷神怡的感觉；从电视机中一跃而出的两只虎鲸带来视觉冲击感，令人身临其境，突出产品的高清特性；简洁的宣传语聚焦产品特色，广告主题得以升华（最终效果参看云盘中的"Ch03 > 效果 > 电视机广告设计 > 电视机广告.ai"，见图 3-4）。

图 3-4

3.2.3 操作步骤

Photoshop 应用

1．合成背景图像

（1）打开 Photoshop 2020，按 Ctrl+O 组合键，弹出"打开"对话框。选择云盘中的"Ch03 > 素材 > 电视机广告设计 > 01"文件，单击"打开"按钮，打开图片，如图 3-5 所示。

（2）新建图层组并将其命名为"电视"。按 Ctrl+O 组合键，弹出"打开"对话框。选择云盘中的"Ch03 > 素材 > 电视机广告设计 > 02、03"文件，单击"打开"按钮，打开图片。选择"移动"工具，分别将图片拖曳到图像窗口中的适当位置，效果如图 3-6 所示。在"图层"面板中将分别生成新的图层，将它们命名为"大水花"和"小水花"。

（3）在"图层"面板中，按住 Ctrl 键的同时，选中"大水花"和"小水花"图层。将选中图层的混合模式设置为"滤色"，如图 3-7 所示，图像效果如图 3-8 所示。

图 3-5

图 3-6

图 3-7

图 3-8

（4）选中"小水花"图层。单击"图层"面板下方的"添加图层蒙版"按钮，为"小水花"图层添加图层蒙版，如图 3-9 所示。将前景色设置为黑色。选择"画笔"工具，在属性栏中单击"画笔预设"选项右侧的按钮，在弹出的画笔面板中选择需要的画笔形状，如图 3-10 所示。在图像窗口中涂抹，擦除不需要的部分，效果如图 3-11 所示。

图 3-9

图 3-10

图 3-11

（5）按 Ctrl+O 组合键，弹出"打开"对话框。选择云盘中的"Ch03 > 素材 > 电视机广告设计 > 04、05"文件，单击"打开"按钮，打开图片。选择"移动"工具 ，分别将图片拖曳到图像窗口中的适当位置，效果如图 3-12 所示。在"图层"面板中将分别生成新的图层，将它们命名为"电视框"和"电视框倒影"。

（6）在"图层"面板中，将"电视框倒影"图层的混合模式设置为"正片叠底"，并拖曳到"电视框"图层的下方，如图 3-13 所示，图像效果如图 3-14 所示。

图 3-12　　　　　　　　　　图 3-13　　　　　　　　　　图 3-14

（7）按 Ctrl+O 组合键，弹出"打开"对话框。选择云盘中的"Ch03 > 素材 > 电视机广告设计 > 06"文件，单击"打开"按钮，打开图片。选择"移动"工具 ，将图片拖曳到图像窗口中的适当位置，效果如图 3-15 所示。在"图层"面板中将生成新的图层，将其命名为"鱼"。

（8）单击"图层"面板下方的"创建新的填充或调整图层"按钮 ，在弹出的菜单中选择"色阶"命令。在"图层"面板中将生成"色阶 1"图层，同时弹出"色阶"的"属性"面板，单击"此调整影响下面的所有图层"按钮 ，使其显示为"此调整剪切到此图层"按钮 ，其他选项的设置如图 3-16 所示。按 Enter 键确定操作，图像效果如图 3-17 所示。

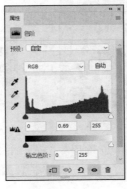

图 3-15　　　　　　　　　　图 3-16　　　　　　　　　　图 3-17

（9）单击"图层"面板下方的"创建新的填充或调整图层"按钮 ，在弹出的菜单中选择"亮度/对比度"命令。在"图层"面板中将生成"亮度/对比度 1"图层，同时弹出"亮度/对比度"的"属性"面板，单击"此调整影响下面的所有图层"按钮 ，使其显示为"此调整剪切到此图层"按钮 ，其他选项的设置如图 3-18 所示。按 Enter 键确定操作，图像效果如图 3-19 所示。

（10）按 Shift+Ctrl+E 组合键，合并可见图层。按 Shift+Ctrl+S 组合键，弹出"另存为"对话框，将其命名为"电视机广告底图"，保存为 JPEG 格式。单击"保存"按钮，弹出"JPEG 选项"对话框，单击"确定"按钮，将图像保存。

图 3-18　　　　　　　　　　　　　　　　　　图 3-19

Illustrator 应用

2．制作广告标题

（1）打开 Illustrator 2020，按 Ctrl+N 组合键，弹出"新建文档"对话框。设置文档的宽度为 210 mm，高度为 285 mm，方向为纵向，出血为 3 mm，颜色模式为 CMYK，单击"创建"按钮，新建一个文档。

（2）选择"文件 > 置入"命令，弹出"置入"对话框。选择云盘中的"Ch03 > 效果 > 电视机广告设计 > 电视机广告底图.jpg"文件，单击"置入"按钮，在页面中单击置入图片。单击属性栏中的"嵌入"按钮，嵌入图片。选择"选择"工具 ▶，拖曳图片到适当的位置，效果如图 3-20 所示。按 Ctrl+2 组合键，锁定所选对象。

（3）选择"文字"工具 T，在适当的位置分别输入需要的文字。选择"选择"工具 ▶，在属性栏中分别选择合适的字体并设置文字大小，填充文字为白色，效果如图 3-21 所示。选择"文字"工具 T，选取文字"电视"，在属性栏中设置文字大小，效果如图 3-22 所示。

图 3-20　　　　　　　　　　图 3-21　　　　　　　　　　图 3-22

（4）选择"选择"工具 ▶，选取文字"全面屏"，按 Ctrl+T 组合键，弹出"字符"面板。将"设置所选字符的字距调整"选项 ﾑﾑ设置为 60，其他选项的设置如图 3-23 所示。按 Enter 键确定操作，效果如图 3-24 所示。

图 3-23　　　　　　　　　　　　　　图 3-24

（5）使用"选择"工具 ▶，用框选的方法将输入的文字同时选取，按 Ctrl+G 组合键将其编组。选择"效果 > 风格化 > 投影"命令，在弹出的对话框中进行设置，如图 3-25 所示。单击"确定"按钮，效果如图 3-26 所示。

图 3-25

图 3-26

（6）选择"矩形"工具 ▢，在适当的位置绘制一个矩形，设置填充色为黄色（其 CMYK 值为 0、0、100、0），并设置描边色为无，效果如图 3-27 所示。

（7）选择"添加锚点"工具 ，分别在矩形左边和右边的中间位置单击，添加两个锚点，效果如图 3-28 所示。

图 3-27

图 3-28

（8）选择"直接选择"工具 ▷，选取左边添加的锚点，将其水平向右拖曳到适当的位置，效果如图 3-29 所示。用相同的方法调整右边锚点到适当的位置，效果如图 3-30 所示。

图 3-29

图 3-30

（9）选择"文字"工具 T，在适当的位置分别输入需要的文字。选择"选择"工具 ▶，在属性栏中分别选择合适的字体并设置文字大小，效果如图 3-31 所示。选取上方的文字，设置填充色为蓝色（其 CMYK 值为 76、18、0、0），填充文字，效果如图 3-32 所示。

图 3-31

图 3-32

（10）选择"矩形"工具▣，在适当的位置绘制一个矩形，填充为黑色，并设置描边色为无，效果如图 3-33 所示。选择"窗口 > 透明度"命令，弹出"透明度"面板，各选项的设置如图 3-34 所示。按 Enter 键确定操作，效果如图 3-35 所示。

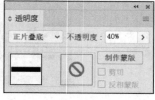

图 3-33　　　　　　　　图 3-34　　　　　　　　图 3-35

（11）选择"文字"工具 T，在适当的位置分别输入需要的文字。选择"选择"工具▶，在属性栏中分别选择合适的字体并设置文字大小，填充文字为白色，效果如图 3-36 所示。

（12）选择"圆角矩形"工具▢，在页面中单击，弹出"圆角矩形"对话框，各选项的设置如图 3-37 所示。单击"确定"按钮，将生成一个圆角矩形。选择"选择"工具▶，拖曳圆角矩形到适当的位置，填充为白色，并设置描边色为无，效果如图 3-38 所示。

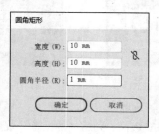

图 3-36　　　　　　　　图 3-37　　　　　　　　图 3-38

（13）选择"文字"工具 T，在适当的位置输入需要的文字。选择"选择"工具▶，在属性栏中选择合适的字体并设置文字大小。设置填充色为海蓝色（其 CMYK 值为 91、66、46、5），填充文字，效果如图 3-39 所示。

（14）选择"直线段"工具╱，按住 Shift 键的同时，在适当的位置绘制一条直线段，设置描边为白色，效果如图 3-40 所示。

图 3-39　　　　　　　　　　　图 3-40

（15）选择"选择"工具▶，按住 Alt+Shift 组合键的同时，垂直向下拖曳直线段到适当的位置，复制直线段，效果如图 3-41 所示。电视机广告制作完成，效果如图 3-42 所示。

图 3-41 · · · · · · · · · · · · 图 3-42

照相机
广告设计 1 · · · · · 照相机
广告设计 2

 ## 3.3　照相机广告设计

3.3.1　案例分析

　　本案例是为一款微单相机设计制作广告，要求设计以产品展示为主，突出相机的高性能，风格简约、时尚。

3.3.2　设计理念

　　在设计过程中，以优美的自然风光图片作为背景，激发人们出行的欲望；前景中放置产品的造型图片，点明宣传主题；在产品上方以类似取景的方式添加文字，别有新意，能更形象地展示产品特色（最终效果参看云盘中的"Ch03 > 效果 > 照相机广告设计 > 照相机广告.ai"，见图 3-43）。

图 3-43

3.3.3　操作步骤

Photoshop 应用

1．合成背景图像

　　（1）打开 Photoshop 2020，按 Ctrl+O 组合键，弹出"打开"对话框。选择云盘中的"Ch03 > 素材 > 照相机广告设计 > 01"文件，单击"打开"按钮，打开图片，如图 3-44 所示。

　　（2）单击"图层"面板下方的"创建新的填充或调整图层"按钮 ，在弹出的菜单中选择"色相/饱和度"命令。在"图层"面板中将生成"色相/饱和度 1"图层，在同时弹出的"色相/饱和度"的"属性"面板中进行设置，如图 3-45 所示。按 Enter 键，图像效果如图 3-46 所示。

　　（3）将前景色设置为黑色。选择"画笔"工具 ，在属性栏中单击"画笔预设"选项右侧的 按钮，在弹出的画笔面板中选择需要的画笔形状，如图 3-47 所示。在图像窗口中涂抹，擦除不需要的部分，效果如图 3-48 所示。

　　（4）单击"图层"面板下方的"创建新的填充或调整图层"按钮 ，在弹出的菜单中选择"照片滤镜"命令。在"图层"面板中将生成"照片滤镜 1"图层，同时弹出"照片滤镜"的"属性"面板，将照片滤镜颜色设置为绿色（其 RGB 值为 25、201、25），其他选项的设置如图 3-49 所示。按 Enter 键确定操作，效果如图 3-50 所示。选择"画笔"工具 ，在图像窗口中涂抹，擦除不需要的部分，效果如图 3-51 所示。

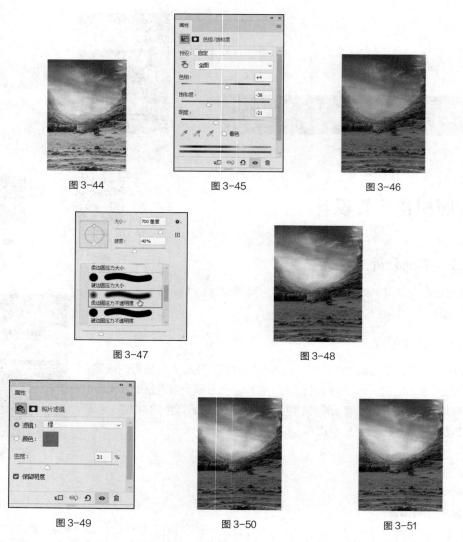

图 3-44　　　　　　　　　图 3-45　　　　　　　　　图 3-46

图 3-47　　　　　　　　　　　　　　图 3-48

图 3-49　　　　　　　　图 3-50　　　　　　　　图 3-51

（5）单击"图层"面板下方的"创建新的填充或调整图层"按钮 ⬤，在弹出的菜单中选择"曲线"命令。在"图层"面板中将生成"曲线 1"图层，同时弹出"曲线"的"属性"面板，在曲线上单击以添加控制点，将"输入"设置为 143，"输出"设置为 134，如图 3-52 所示。在曲线上再次单击以添加控制点，将"输入"设置为 120，"输出"设置为 102，如图 3-53 所示。按 Enter 键确定操作，效果如图 3-54 所示。选择"画笔"工具 🖊，在图像窗口中涂抹，擦除不需要的部分，效果如图 3-55 所示。

（6）按 Ctrl+O 组合键，弹出"打开"对话框。选择云盘中的"Ch03 > 素材 > 照相机广告设计 > 02"文件，单击"打开"按钮，打开图片。选择"移动"工具 ✛，将图片拖曳到图像窗口中的适当位置，调整大小并将其旋转到适当的角度，效果如图 3-56 所示。在"图层"面板中将生成新的图层，将其命名为"相机 1"。

（7）单击"图层"面板下方的"添加图层样式"按钮 fx，在弹出的菜单中选择"投影"命令，在弹出的对话框中进行设置，如图 3-57 所示。单击"确定"按钮，效果如图 3-58 所示。

 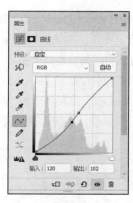  

图 3-52　　　　　　　　图 3-53　　　　　　　图 3-54　　　　　　图 3-55

 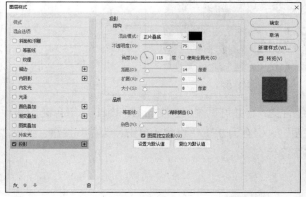 

图 3-56　　　　　　　　　　　图 3-57　　　　　　　　　　图 3-58

（8）按 Ctrl+J 组合键，复制"相机 1"图层，生成新的图层"相机 1 拷贝"。按 Ctrl+T 组合键，图像周围将出现变换框，按住 Alt 键的同时拖曳右上角的控制手柄等比例缩小图像，调整其位置和顺序。按 Enter 键确定操作，效果如图 3-59 所示。

（9）在"图层"面板中，按住 Shift 键将"相机 1"图层和"相机 1 拷贝"图层同时选取，按 Ctrl+G 组合键编组图层并将其命名为"相机"，如图 3-60 所示。

图 3-59　　　　　　　　　　图 3-60

（10）单击"图层"面板下方的"创建新的填充或调整图层"按钮，在弹出的菜单中选择"色相/饱和度"命令。在"图层"面板中将生成"色相/饱和度 2"图层，同时弹出"色相/饱和度"的"属性"面板，单击"此调整影响下面的所有图层"按钮 ⬛，使其显示为"此调整剪切到此图层"按钮 ⬛，其他选项的设置如图 3-61 所示。按 Enter 键确定操作，图像效果如图 3-62 所示。

（11）单击"图层"面板下方的"创建新的填充或调整图层"按钮 ⚫，在弹出的菜单中选择"亮度/对比度"命令。在"图层"面板中将生成"亮度/对比度 1"图层，同时弹出"亮度/对比度"的"属性"面板，单击"此调整影响下面的所有图层"按钮 ⬛，使其显示为"此调整剪切到此图层"按钮 ⬛，其他选项的设置如图 3-63 所示。按 Enter 键确定操作，图像效果如图 3-64 所示。

图 3-61   图 3-62   图 3-63   图 3-64

（12）按 Shift+Ctrl+E 组合键，合并可见图层。按 Shift+Ctrl+S 组合键，弹出"另存为"对话框，将其命名为"照相机广告底图"，保存为 JPEG 格式。单击"保存"按钮，弹出"JPEG 选项"对话框，单击"确定"按钮，将图像保存。

Illustrator 应用

2．添加广告标题

（1）打开 Illustrator 2020 软件，按 Ctrl+N 组合键，弹出"新建文档"对话框。设置文档的宽度为 210 mm，高度为 285 mm，方向为纵向，出血为 3 mm，颜色模式为 CMYK，单击"创建"按钮，新建一个文档。

（2）选择"文件 > 置入"命令，弹出"置入"对话框。选择云盘中的"Ch03 > 效果 > 照相机广告设计 > 照相机广告底图.jpg"文件，单击"置入"按钮，在页面中单击置入图片。单击属性栏中的"嵌入"按钮，嵌入图片。选择"选择"工具 ▶，拖曳图片到适当的位置，效果如图 3-65 所示。按 Ctrl+2 组合键，锁定所选对象。

（3）按 Ctrl+O 组合键，弹出"打开"对话框。选择云盘中的"Ch02 > 素材 > 照相机广告设计 > 03.ai"文件，单击"打开"按钮，打开文件。选择"选择"工具 ▶，选取需要的图形和文字，按 Ctrl+C 组合键复制图形和文字。选择正在编辑的页面，按 Ctrl+V 组合键将其粘贴到页面中，并拖曳到适当的位置，效果如图 3-66 所示。

（4）选择"文字"工具 T，在适当的位置输入需要的文字。选择"选择"工具 ▶，在属性栏中选择合适的字体并设置文字大小，效果如图 3-67 所示。按 Shift+Ctrl+O 组合键，将文字转换为轮廓，效果如图 3-68 所示。

（5）双击"渐变"工具 ▣，弹出"渐变"面板。单击"线性渐变"按钮 ▣，在色带上设置两个渐变滑块，将渐变滑块的位置分别设置为 0、100，并设置 CMYK 值为 0（91、68、100、59）、100（40、0、100、0），其他选项的设置如图 3-69 所示。文字被填充为渐变色，效果如图 3-70 所示。

图 3-65   图 3-66

图 3-67   图 3-68

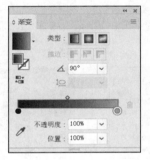

图 3-69   图 3-70

（6）选择"选择"工具 ▶，按 Ctrl+C 组合键复制文字，按 Ctrl+B 组合键将其粘贴在后面。填充文字为白色，按住 Alt+Shift 组合键的同时，拖曳右上角的控制手柄等比例缩小文字，效果如图 3-71 所示。按住 Shift 键的同时，单击渐变文字将其选取，如图 3-72 所示。

图 3-71   图 3-72

（7）双击"混合"工具 ，在弹出的"混合选项"对话框中进行设置，如图 3-73 所示，单击"确定"按钮。按 Alt+Ctrl+B 组合键，生成混合，取消渐变文字的选取状态，效果如图 3-74 所示。

（8）选择"文字"工具 T，在适当的位置输入需要的文字。选择"选择"工具 ▶，在属性栏中选择合适的字体并设置文字大小，效果如图 3-75 所示。

（9）按 Ctrl+T 组合键，弹出"字符"面板。将"设置所选字符的字距调整"选项 设置为 100，其他选项的设置如图 3-76 所示。按 Enter 键确定操作，效果如图 3-77 所示。

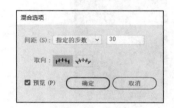

图 3-73

图 3-74

图 3-75

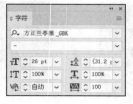

图 3-76

图 3-77

（10）选择"文字"工具 T，在文字"捷"右侧单击以插入光标，如图 3-78 所示。选择"文字 >
字形"命令，弹出"字形"面板，设置字体并选择需要的字形，如图 3-79 所示。双击插入字形，效
果如图 3-80 所示。

图 3-78

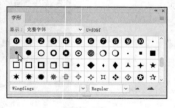

图 3-79

图 3-80

（11）选择"矩形"工具 □，在适当的位置绘制一个矩形，在属性栏中将"描边粗细"选项设置
为 3 pt。按 Enter 键确定操作，效果如图 3-81 所示。

（12）选择"直接选择"工具 ▷，单击选择需要的线段，如图 3-82 所示。按 Delete 键将其删除，
效果如图 3-83 所示。

图 3-81

图 3-82

图 3-83

（13）双击"镜像"工具 ▷◁，弹出"镜像"对话框，各选项的设置如图 3-84 所示。单击"复制"
按钮，镜像并复制图形。选择"选择"工具 ▶，按住 Shift 键的同时，水平向右拖曳复制得到的图形
到适当的位置，效果如图 3-85 所示。

图 3-84

图 3-85

（14）选择"矩形"工具 ▢，在适当的位置绘制一个矩形，如图 3-86 所示。按 Ctrl+C 组合键复制矩形，按 Ctrl+F 组合键将其粘贴在前面。选择"选择"工具 ▶，水平向右拖曳复制得到的矩形右侧中间的控制手柄到适当的位置，调整其大小，效果如图 3-87 所示。

图 3-86

图 3-87

（15）按 Shift+X 组合键，互换填色和描边，效果如图 3-88 所示。选择"文字"工具 T，在适当的位置输入需要的文字。选择"选择"工具 ▶，在属性栏中选择合适的字体并设置文字大小，填充文字为白色，效果如图 3-89 所示。

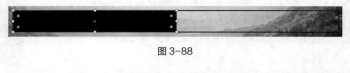

图 3-88

图 3-89

（16）在"字符"面板中，将"设置所选字符的字距调整"选项 VA 设置为 400，其他选项的设置如图 3-90 所示。按 Enter 键确定操作，效果如图 3-91 所示。

图 3-90

图 3-91

（17）选择"文字"工具 T，选取文字"一切……眼底"，填充文字为黑色，效果如图 3-92 所示。照相机广告制作完成，效果如图 3-93 所示。

图 3-92

图 3-93

古琴展览
广告设计 1

古琴展览
广告设计 2

3.4 古琴展览广告设计

3.4.1 案例分析

古琴以其独特的艺术魅力、厚重的历史底蕴，诠释着中华传统文化的精髓，是传统文化中的瑰宝。本案例是为古琴展览设计制作广告，要求设计风格古香古色，突出声韵之美。

3.4.2 设计理念

在设计过程中，采用水墨画风格的背景，烘托悠远的意境；在前景的上下方分别竖置雅致的古琴，展览会的主题一览无遗；苍劲有力的书法升华了广告的气韵（最终效果请参看云盘中的"Ch03 > 效果 > 古琴展览广告设计 > 古琴展览广告.ai"，见图 3-94）。

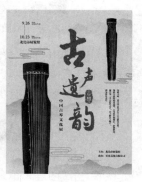

图 3-94

3.4.3 操作步骤

Photoshop 应用

1．制作广告底图

（1）打开 Photoshop 2020，按 Ctrl+N 组合键，弹出"新建文档"对话框。设置宽度为 21.6 厘米，高度为 29.1 厘米，分辨率为 150 像素/英寸，颜色模式为 RGB，背景内容为灰色（其 RGB 值为 222、222、222），单击"创建"按钮，新建一个文档，如图 3-95 所示。

（2）按 Ctrl+O 组合键，弹出"打开"对话框。选择云盘中的"Ch03 > 素材 > 古琴展览广告设计 > 01~03"文件，单击"打开"按钮，打开图片。选择"移动"工具 ⊕，分别将图片拖曳到新建的图像窗口中适当的位置，效果如图 3-96 所示。在"图层"面板中将分别生成新的图层，将它们命名为"山""线条 1""线条 2"，如图 3-97 所示。

图 3-95　　　　　　　图 3-96　　　　　　　图 3-97

（3）选择"移动"工具 ，按住 Alt 键的同时，拖曳图片到适当的位置，复制图片，效果如图 3-98 所示。按 Ctrl+O 组合键，弹出"打开"对话框。选择云盘中的"Ch03 > 素材 > 古琴展览广告设计 > 04"文件，单击"打开"按钮，打开图片。选择"移动"工具 ，将图片拖曳到新建的图像窗口中适当的位置，效果如图 3-99 所示。在"图层"面板中将生成新的图层，将其命名为"古琴"。

图 3-98　　　　　　　　　　图 3-99

（4）单击"图层"面板下方的"创建新的填充或调整图层"按钮 ，在弹出的菜单中选择"色相/饱和度"命令。在"图层"面板中将生成"色相/饱和度 1"图层，同时弹出"色相/饱和度"的"属性"面板，单击"此调整影响下面的所有图层"按钮 ，使其显示为"此调整剪切到此图层"按钮 ，其他选项的设置如图 3-100 所示。按 Enter 键确定操作，图像效果如图 3-101 所示。

（5）单击"图层"面板下方的"创建新的填充或调整图层"按钮 ，在弹出的菜单中选择"色阶"命令。在"图层"面板中将生成"色阶 1"图层，同时弹出"色阶"的"属性"面板，单击"此调整影响下面的所有图层"按钮 ，使其显示为"此调整剪切到此图层"按钮 ，其他选项的设置如图 3-102 所示。按 Enter 键确定操作，图像效果如图 3-103 所示。

图 3-100　　　　　　图 3-101　　　　　　图 3-102　　　　　　图 3-103

（6）在"图层"面板中，按住 Shift 键将"色阶 1"图层和"古琴"图层之间的所有图层同时选取，如图 3-104 所示。按 Ctrl+J 组合键复制选中的图层，生成新的拷贝图层，如图 3-105 所示。

（7）按 Ctrl+T 组合键，图像周围将出现变换框，单击属性栏中的"保持长宽比"按钮 ⊕，按住 Alt 键的同时，拖曳右上角的控制手柄等比例缩小图像，并拖曳到适当的位置，效果如图 3-106 所示。

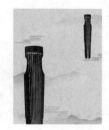

| 图 3-104 | 图 3-105 | 图 3-106 |

（8）按 Shift+Ctrl+E 组合键，合并可见图层。按 Ctrl+S 组合键，弹出"另存为"对话框，将其命名为"古琴展览广告底图"，保存为 JPEG 格式，单击"保存"按钮，弹出"JPEG 选项"对话框，单击"确定"按钮，将图像保存。

Illustrator 应用

2．添加标题和展览信息

（1）打开 Illustrator 2020，按 Ctrl+N 组合键，弹出"新建文档"对话框。设置文档的宽度为 210 mm，高度为 285 mm，方向为纵向，出血为 3 mm，颜色模式为 CMYK，单击"创建"按钮，新建一个文档。

（2）选择"文件 > 置入"命令，弹出"置入"对话框。选择云盘中的"Ch03 > 效果 > 古琴展览广告设计 > 古琴展览广告底图.jpg"文件，单击"置入"按钮，在页面中单击置入图片。单击属性栏中的"嵌入"按钮，嵌入图片。选择"选择"工具 ▶，拖曳图片到适当的位置，效果如图 3-107 所示。按 Ctrl+2 组合键，锁定所选对象。

（3）选择"文字"工具 **T**，在适当的位置分别输入需要的文字。选择"选择"工具 ▶，在属性栏中分别选择合适的字体并设置文字大小，效果如图 3-108 所示。将输入的文字同时选取，设置填充色为棕色（其 CMYK 值为 56、70、100、24），填充文字，效果如图 3-109 所示。

| 图 3-107 | 图 3-108 | 图 3-109 |

（4）按 Ctrl+T 组合键，弹出"字符"面板。将"水平缩放"选项 **T** 设置为 90%，其他选项的设置如图 3-110 所示。按 Enter 键确定操作，效果如图 3-111 所示。

图 3-110　　　　　　　　　　　图 3-111

（5）选择"文件 > 置入"命令，弹出"置入"对话框。选择云盘中的"Ch03 > 素材 > 古琴展览广告设计 > 05"文件，单击"置入"按钮，在页面中单击置入图片。单击属性栏中的"嵌入"按钮，嵌入图片。选择"选择"工具，拖曳图片到适当的位置，并调整其大小，效果如图 3-112所示。

（6）选择"直排文字"工具，在适当的位置输入需要的文字。选择"选择"工具，在属性栏中选择合适的字体并设置文字大小。设置填充色为浅灰色（其 CMYK 值为 20、15、15、0），填充文字，效果如图 3-113 所示。

（7）在"字符"面板中，将"垂直缩放"选项设置为 91%，其他选项的设置如图 3-114 所示。按 Enter 键确定操作，效果如图 3-115 所示。

  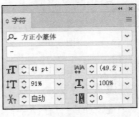 

图 3-112　　　　图 3-113　　　　　　图 3-114　　　　　　图 3-115

（8）选择"直排文字"工具，在适当的位置分别输入需要的文字。选择"选择"工具，在属性栏中分别选择合适的字体并设置文字大小，效果如图 3-116 所示。

（9）选取文字"中国……文化展"，在"字符"面板中，将"设置所选字符的字距调整"选项设置为 300，其他选项的设置如图 3-117 所示。按 Enter 键确定操作，效果如图 3-118 所示。

 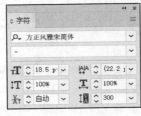 

图 3-116　　　　　　　图 3-117　　　　　　图 3-118

（10）选取文字"琴棋……之首。"，在"字符"面板中，将"设置行距"选项设置为 19 pt，其他选项的设置如图 3-119 所示。按 Enter 键确定操作，效果如图 3-120 所示。

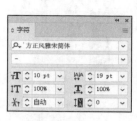

图 3-119　　　　　　　　　　　　图 3-120

（11）选择"直排文字"工具 T，在文字"为"下方单击以插入光标，如图 3-121 所示。选择"文字 > 字形"命令，弹出"字形"面板，设置字体并选择需要的字形，如图 3-122 所示。双击插入字形，效果如图 3-123 所示。用相同的方法在其他文字处插入需要的字形，效果如图 3-124 所示。

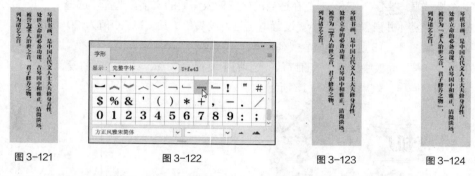

图 3-121　　　　　　　　图 3-122　　　　　　　　图 3-123　　　　　　　　图 3-124

（12）选择"文字"工具 T，在适当的位置分别输入需要的文字。选择"选择"工具 ▶，在属性栏中分别选择合适的字体并设置文字大小，效果如图 3-125 所示。

（13）选取文字"Mon……17:00"，在"字符"面板中，将"设置行距"选项 A 设置为 8 pt，其他选项的设置如图 3-126 所示。按 Enter 键确定操作，效果如图 3-127 所示。

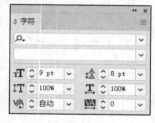

图 3-125　　　　　　　　图 3-126　　　　　　　　图 3-127

（14）选择"选择"工具 ▶，按住 Alt+Shift 组合键的同时，垂直向下拖曳文字到适当的位置，复制文字，效果如图 3-128 所示。选择"文字"工具 T，选取并重新输入需要的文字，效果如图 3-129 所示。选择"直线段"工具 /，按住 Shift 键的同时，在适当的位置绘制一条竖线，效果如图 3-130 所示。

（15）选择"文字"工具 T，在适当的位置输入需要的文字。选择"选择"工具 ▶，在属性栏中选择合适的字体并设置文字大小，效果如图 3-131 所示。在"字符"面板中，将"设置行距"选项设置为 21 pt，其他选项的设置如图 3-132 所示。按 Enter 键确定操作，效果如图 3-133 所示。古琴展览广告制作完成。

图 3-128

图 3-129

图 3-130

图 3-131

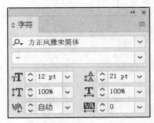

图 3-132

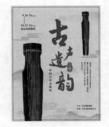

图 3-133

3.5　洗衣机广告设计

3.5.1　案例分析

本案例是为某品牌的滚筒洗衣机设计制作广告，要求设计风格现代，重点突出滚筒洗衣机的智能烘干特色。

3.5.2　设计理念

在设计过程中，采用万家灯火的夜景图片作为背景，营造都市生活氛围；在前景中以舞台主角的形式展示产品，别具一格；简洁的文字强调了产品的特色，令人印象深刻（最终效果参看云盘中的"Ch03 > 效果 > 洗衣机广告设计 > 洗衣机广告.ai"，见图 3-134）。

图 3-134

3.5.3　操作步骤

Photoshop 应用

1. 合成背景图像

（1）打开 Photoshop 2020，按 Ctrl+O 组合键，弹出"打开"对话框。选择云盘中的"Ch03 > 素材 > 洗衣机广告设计 > 01、02"文件，单击"打开"按钮，打开图片，如图 3-135 所示。选择"移动"工具 ，将"02"洗衣机图片拖曳到"01"图像窗口中的适当位置，效果如图 3-136 所示。在"图层"面板中将生成新的图层，将其命名为"洗衣机"。

图 3-135   图 3-136

（2）单击"图层"面板下方的"添加图层样式"按钮 fx，在弹出的菜单中选择"投影"命令，在弹出的对话框中进行设置，如图 3-137 所示。单击"确定"按钮，效果如图 3-138 所示。

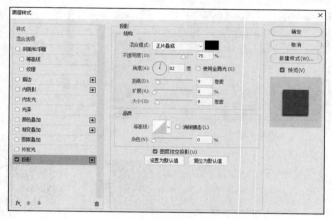

图 3-137

图 3-138

（3）单击"图层"面板下方的"创建新的填充或调整图层"按钮 ◉，在弹出的菜单中选择"曲线"命令。在"图层"面板中将生成"曲线 1"图层，同时弹出"曲线"的"属性"面板，在曲线上单击以添加控制点，将"输入"设置为 138，"输出"设置为 168，如图 3-139 所示。在曲线上再次单击以添加控制点，将"输入"设置为 78，"输出"设置为 83。单击"此调整影响下面的所有图层"按钮 ⇘，使其显示为"此调整剪切到此图层"按钮 ⇘，如图 3-140 所示。按 Enter 键确定操作，图像效果如图 3-141 所示。

图 3-139

图 3-140

图 3-141

（4）按 Shift+Ctrl+E 组合键，合并可见图层。按 Shift+Ctrl+S 组合键，弹出"另存为"对话框，将其命名为"洗衣机广告底图"，保存为 JPEG 格式。单击"保存"按钮，弹出"JPEG 选项"对话框，单击"确定"按钮，将图像保存。

Illustrator 应用

2．添加功能文字

（1）打开 Illustrator 2020，按 Ctrl+N 组合键，弹出"新建文档"对话框。设置文档的宽度为 210 mm，高度为 285 mm，方向为纵向，出血为 3 mm，颜色模式为 CMYK，单击"创建"按钮，新建一个文档。

（2）选择"文件 > 置入"命令，弹出"置入"对话框。选择云盘中的"Ch03 > 效果 > 洗衣机广告设计 > 洗衣机广告底图.jpg"文件，单击"置入"按钮，在页面中单击置入图片，单击属性栏中的"嵌入"按钮，嵌入图片。选择"选择"工具，拖曳图片到适当的位置，效果如图 3-142 所示。按 Ctrl+2 组合键，锁定所选对象。

（3）选择"文字"工具 T，在适当的位置输入需要的文字。选择"选择"工具 ，在属性栏中选择合适的字体并设置文字大小，效果如图 3-143 所示。

图 3-142

图 3-143

（4）按 Ctrl+T 组合键，弹出"字符"面板，将"设置行距"选项 设置为 83 pt，其他选项的设置如图 3-144 所示。按 Enter 键确定操作，效果如图 3-145 所示。

（5）双击"倾斜"工具 ，弹出"倾斜"对话框，各选项的设置如图 3-146 所示。单击"确定"按钮，倾斜文字，效果如图 3-147 所示。

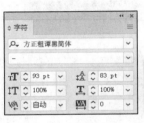
图 3-144

图 3-145

图 3-146

图 3-147

（6）选择"选择"工具 ，按 Ctrl+C 组合键复制文字，按 Ctrl+F 组合键将其粘贴在前面。微调文字到适当的位置，按 Shift+Ctrl+O 组合键，将文字转换为轮廓，效果如图 3-148 所示（为方便读者观看，这里以白色显示）。

（7）双击"渐变"工具 ▣，弹出"渐变"面板。单击"线性渐变"按钮 ▣，在色带上设置 5 个渐变滑块，将渐变滑块的位置分别设置为 0、25、50、75、100，并设置 CMYK 值为 0（50、76、100、18）、25（39、61、100、1）、50（5、5、47、0）、75（39、61、100、1）、100（50、76、100、18），其他选项的设置如图 3-149 所示。文字被填充为渐变色，效果如图 3-150 所示。

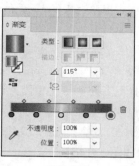

图 3-148　　　　　　　　　　　　图 3-149　　　　　　　　　　　　图 3-150

（8）选择"文字"工具 T，在适当的位置输入需要的文字。选择"选择"工具 ▶，在属性栏中选择合适的字体并设置文字大小，效果如图 3-151 所示。

（9）选择"矩形"工具 ▢，在适当的位置绘制一个矩形，填充为黑色，并设置描边色为无，效果如图 3-152 所示。

图 3-151　　　　　　　　　　　　　　　图 3-152

（10）选择"添加锚点"工具 ✎，分别在矩形左边和右边的中间位置单击，添加两个锚点，如图 3-153 所示。选择"直接选择"工具 ▷，选取左边添加的锚点，水平向右拖曳锚点到适当的位置，效果如图 3-154 所示。用相同的方法调整右边锚点到适当的位置，效果如图 3-155 所示。

图 3-153　　　　　　　　　　　图 3-154　　　　　　　　　　　图 3-155

（11）选择"文字"工具 T，在适当的位置输入需要的文字。选择"选择"工具 ▶，在属性栏中选择合适的字体并设置文字大小。设置填充色为淡黄色（其 CMYK 值为 33、38、49、0），填充文字，效果如图 3-156 所示。洗衣机广告制作完成，效果如图 3-157 所示。

图 3-156   图 3-157

剃须刀   剃须刀
广告设计 1   广告设计 2

3.6 剃须刀广告设计

3.6.1 案例分析

本案例是为某厂商的剃须刀产品设计制作广告，要求设计能展现冬日的氛围，突出产品优惠活动。

3.6.2 设计理念

在设计过程中，采用蓝色渐变背景，给人稳重、安心的感觉；在前景中放置剃须刀产品图片，宣传主题鲜明；飞溅的水花为画面带来动感，赋予广告生气；暖色的文字加上雪花元素营造出冬日温情的氛围（最终效果参看云盘中的"Ch03 > 效果 > 剃须刀广告设计 > 剃须刀广告.ai"，见图 3-158）。

图 3-158

3.6.3 操作步骤

Photoshop 应用

1．合成背景图像

（1）打开 Photoshop 2020，按 Ctrl+N 组合键，弹出"新建文档"对话框。设置宽度为 21.6 厘米，高度为 29.1 厘米，分辨率为 300 像素/英寸，颜色模式为 RGB，背景内容为白色，单击"创建"按钮，新建一个文档。

（2）选择"渐变"工具，单击属性栏中的"点按可编辑渐变"按钮，弹出"渐变编辑器"窗口，将渐变色设置为从深蓝色（其 RGB 值为 6、4、67）到蓝色（其 RGB 值为 36、160、222），如图 3-159 所示，单击"确定"按钮。单击属性栏中的"线性渐变"按钮，按住 Shift 键的同时，在图像窗口中由上至下拖曳鼠标，填充渐变色，效果如图 3-160 所示。

（3）按 Ctrl+O 组合键，弹出"打开"对话框。选择云盘中的"Ch03 > 素材 > 剃须刀广告设计 > 01"文件，单击"打开"按钮，打开图片。选择"移动"工具，将图片拖曳到图像窗口中适当的位置，效果如图 3-161 所示。在"图层"面板中由生成新的图层，将其命名为"剃须刀 1"。

（4）单击"图层"面板下方的"添加图层样式"按钮，在弹出的菜单中选择"外发光"命令，在弹出的对话框中进行设置，如图 3-162 所示。单击"确定"按钮，效果如图 3-163 所示。

图 3-159

图 3-160

图 3-161

图 3-162

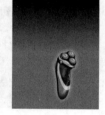

图 3-163

（5）按 Ctrl+O 组合键，弹出"打开"对话框。选择云盘中的"Ch03 > 素材 > 剃须刀广告设计 > 02"文件，单击"打开"按钮，打开图片。选择"移动"工具 ⊕.，将图片拖曳到图像窗口中适当的位置，效果如图 3-164 所示。在"图层"面板中将生成新的图层，将其命名为"剃须刀 2"。

（6）在"剃须刀 1"图层上单击鼠标右键，在弹出的快捷菜单中选择"拷贝图层样式"命令。在"剃须刀 2"图层上单击鼠标右键，在弹出的快捷菜单中选择"粘贴图层样式"命令，效果如图 3-165 所示。

（7）按 Ctrl+O 组合键，弹出"打开"对话框。选择云盘中的"Ch03 > 素材 > 剃须刀广告设计 > 03"文件，单击"打开"按钮，打开图片。选择"移动"工具 ⊕.，将水滴图片拖曳到图像窗口中适当的位置，效果如图 3-166 所示。在"图层"面板中将生成新的图层，将其命名为"水滴"。

图 3-164

图 3-165

图 3-166

（8）在"图层"面板中，将"水滴"图层拖曳到"剃须刀1"图层的下方，图像效果如图 3-167 所示。并将该图层的混合模式设置为"正片叠底"，"不透明度"选项设置为 60%，如图 3-168 所示，图像效果如图 3-169 所示。

图 3-167

图 3-168

图 3-169

（9）按 Ctrl+O 组合键，弹出"打开"对话框。选择云盘中的"Ch03 > 素材 > 剃须刀广告设计 > 04"文件，单击"打开"按钮，打开图片。选择"移动"工具，将水花图片拖曳到图像窗口中适当的位置，效果如图 3-170 所示。在"图层"面板中将生成新的图层，将其命名为"水花1"。

（10）在"图层"面板中，将"水花 1"图层的混合模式设置为"划分"，"不透明度"选项设置为 80%，如图 3-171 所示，图像效果如图 3-172 所示。

图 3-170

图 3-171

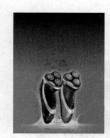
图 3-172

（11）按 Ctrl+O 组合键，弹出"打开"对话框。选择云盘中的"Ch03 > 素材 > 剃须刀广告设计 > 05"文件，单击"打开"按钮，打开图片。选择"移动"工具，将水花图片拖曳到图像窗口中适当的位置，效果如图 3-173 所示。在"图层"面板中将生成新的图层，将其命名为"水花2"。

（12）在"图层"面板中，将"水花 2"图层的混合模式设置为"划分"，"不透明度"选项设置为 50%，如图 3-174 所示，图像效果如图 3-175 所示。

图 3-173

图 3-174

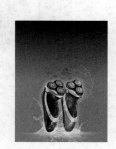
图 3-175

（13）按 Shift+Ctrl+E 组合键，合并可见图层。按 Ctrl+S 组合键，弹出"另存为"对话框，将其命名为"剃须刀广告底图"，保存为 JPEG 格式。单击"保存"按钮，弹出"JPEG 选项"对话框，单击"确定"按钮，将图像保存。

Illustrator 应用

2. 添加并编辑标题文字

（1）打开 Illustrator 2020，按 Ctrl+N 组合键，弹出"新建文档"对话框。设置文档的宽度为 210 mm，高度为 285 mm，方向为纵向，出血为 3 mm，颜色模式为 CMYK，单击"创建"按钮，新建一个文档。

（2）选择"文件 > 置入"命令，弹出"置入"对话框。选择云盘中的"Ch03 > 效果 > 剃须刀广告设计 > 剃须刀广告底图.jpg"文件，单击"置入"按钮，在页面中单击置入图片，单击属性栏中的"嵌入"按钮，嵌入图片。选择"选择"工具 ▶，拖曳图片到适当的位置，效果如图 3-176 所示。按 Ctrl+2 组合键，锁定所选对象。

（3）选择"文字"工具 T，在适当的位置分别输入需要的文字。选择"选择"工具 ▶，在属性栏中分别选择合适的字体并设置文字大小，效果如图 3-177 所示。

（4）选择"文字"工具 T，选取文字"礼"，按 Ctrl+T 组合键，弹出"字符"面板，将"设置字体大小"选项 🆃 设置为 158 pt，其他选项的设置如图 3-178 所示。按 Enter 键确定操作，效果如图 3-179 所示。

图 3-176

图 3-177

图 3-178

图 3-179

（5）选择"选择"工具 ▶，用框选的方法将输入的文字同时选取，如图 3-180 所示。按 Shift+Ctrl+O 组合键，将文字转换为轮廓，效果如图 3-181 所示。

图 3-180

图 3-181

（6）选取文字"迎新年"，双击"渐变"工具 ▣，弹出"渐变"面板。单击"线性渐变"按钮 ▣，在色带上设置 7 个渐变滑块，将渐变滑块的位置分别设置为 0、34、41、50、59、66、100，并设置 CMYK 值为 0（0、0、0、0）、34（14、0、0、0）、41（24、0、0、0）、50（40、20、0、40）、59（24、0、0、0）、66（14、0、0、0）、100（0、0、0、0），其他选项的设置如图 3-182 所示。

文字被填充为渐变色，效果如图 3-183 所示。

图 3-182

图 3-183

（7）选取文字"送……礼物"，在"渐变"面板中，单击"线性渐变"按钮，在色带上设置 3 个渐变滑块，将渐变滑块的位置分别设置为 0、50、100，并设置 CMYK 值为 0（0、10、100、0）、50（0、60、100、0）、100（0、0、100、0），其他选项的设置如图 3-184 所示。文字被填充为渐变色，效果如图 3-185 所示。

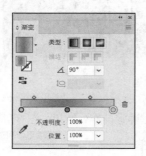

图 3-184

图 3-185

（8）选择"选择"工具，用框选的方法将所有文字同时选取，按 Ctrl+G 组合键将其编组。选择"效果 > 风格化 > 投影"命令，在弹出的对话框中进行设置，如图 3-186 所示。单击"确定"按钮，效果如图 3-187 所示。

图 3-186

图 3-187

（9）选择"钢笔"工具，在适当的位置绘制一个不规则图形，如图 3-188 所示。在"渐变"面板中，单击"线性渐变"按钮，在色带上设置 5 个渐变滑块，将渐变滑块的位置分别设置为 0、11、55、89、100，并设置 CMYK 值为 0（100、0、0、20）、11（100、20、0、0）、55（100、100、0、80）、89（100、60、0、47）、100（100、20、0、20），其他选项的设置如图 3-189

所示。图形被填充为渐变色，设置描边色为无，效果如图 3-190 所示。

图 3-188　　　　　　　　　　图 3-189　　　　　　　　　　图 3-190

（10）按 Ctrl+ [组合键，将图形后移一层，效果如图 3-191 所示。选择"选择"工具 ▶，按 Ctrl+C 组合键复制图形，按 Ctrl+B 组合键将其粘贴在后面。按住 Alt+Shift 组合键的同时，拖曳右上角的控制手柄等比例缩小图形，并向下微调图形到适当的位置，效果如图 3-192 所示。

图 3-191　　　　　　　　　　　　　　　图 3-192

（11）在"渐变"面板中，选中需要的色标，如图 3-193 所示。单击"删除色标"按钮 🗑，删除选中的色标，其他选项的设置如图 3-194 所示。按 Enter 键确定操作，效果如图 3-195 所示。

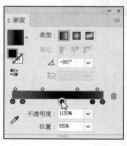
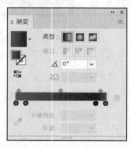

图 3-193　　　　　　　　图 3-194　　　　　　　　图 3-195

（12）按住 Shift 键的同时，单击原渐变图形将其选取，如图 3-196 所示。双击"混合"工具 🔖，在弹出的"混合选项"对话框中进行设置，如图 3-197 所示，单击"确定"按钮。按 Alt+Ctrl+B 组合键，生成混合，效果如图 3-198 所示。

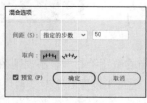

图 3-196　　　　　　　　图 3-197　　　　　　　　图 3-198

（13）选择"文件 > 置入"命令，弹出"置入"对话框。选择云盘中的"Ch03 > 素材 > 剃须刀广告设计 > 06"文件，单击"置入"按钮，在页面中单击置入图片。单击属性栏中的"嵌入"按钮，嵌入图片。选择"选择"工具▶，拖曳图片到适当的位置，并调整其大小，效果如图 3-199 所示。在属性栏中将"不透明度"选项设置为 70%，按 Enter 键确定操作，效果如图 3-200 所示。

图 3-199

图 3-200

（14）选择"选择"工具▶，按住 Alt 键的同时，分别向左拖曳雪花图片，将其复制并调整复制得到的图片的大小和不透明度，效果如图 3-201 所示。

（15）按 Ctrl+O 组合键，弹出"打开"对话框。选择云盘中的"Ch03 > 素材 > 剃须刀广告设计 > 07"文件，单击"打开"按钮，打开文件。选择"选择"工具▶，选取需要的图形和文字，按 Ctrl+C 组合键复制图形和文字，选择正在编辑的页面，按 Ctrl+V 组合键将其粘贴到页面中，并拖曳到适当的位置，效果如图 3-202 所示。剃须刀广告制作完成。

图 3-201

图 3-202

3.7 课堂练习——月饼广告设计

月饼广告设计1

月饼广告设计2

3.7.1 案例分析

吃月饼和赏月是中秋节的习俗，月饼象征着团圆，是我国的传统美食之一。本案例是为某品牌的月饼设计制作广告，要求设计能够体现佳节的喜庆氛围。

3.7.2 设计理念

在设计过程中，通过红色背景和祥云纹样的装饰元素营造节日氛围，给人带来喜乐安康的感觉；前景中的玉兔、月饼和茗茶寓意圆满，搭配书法体文字，将祝福献上，拉近与顾客的距离（最终效果参看云盘中的"Ch03 > 效果 > 月饼广告设计 > 月饼广告.ai"，见图 3-203）。

图 3-203

3.8　课后习题——手表广告设计

手表广告设计1　　　手表广告设计2

3.8.1　案例分析

本案例是为某品牌的手表产品设计制作广告，要求设计能够突出产品典雅的魅力。

3.8.2　设计理念

在设计过程中，通过深棕色的背景给人一种成熟、稳重的感觉，也和产品的色调贴合；在前景中斜置产品图片，搭配幻化的白色蝴蝶使画面具有动感，打破沉闷；将简约的白色文字置于画面底部，设计风格大气，突显产品格调（最终效果参看云盘中的"Ch03 > 效果 > 手表广告设计 > 手表广告.ai"，见图 3-204）。

图 3-204

04 第 4 章
招贴广告

　　招贴也称作"宣传画""海报"，是一种发布在公共场合用于进行信息传递，达到广告宣传目的的印刷广告形式。通过本章的学习，读者可以熟悉招贴广告的设计思路，掌握招贴广告的制作方法和技巧。

课堂学习目标

- 了解招贴广告的作用
- 了解招贴广告的设计要素
- 熟悉招贴广告的设计要领
- 掌握招贴广告的制作方法和技巧

素养目标

- 加深对中华优秀传统文化的热爱
- 培养环境保护意识

4.1 招贴广告概述

4.1.1 招贴广告的作用

招贴最重要、最基本的功能是传播信息，特别是商业招贴，其传播信息的功能首先表现在对企业的理念、业务，产品的质量、成分、性能、规格、维修情况等进行说明，或者对服务方面的内容，如住宿、饮食、旅游等加以介绍，便于企业开拓市场、促进产品销售，在市场竞争中占得先机。如图 4-1 所示。

图 4-1

4.1.2 招贴广告的设计要素

1. 色彩

醒目的颜色会更容易引发人们的关注。在招贴广告中一定要充分利用色彩的特性，使广告能从周围的环境中脱颖而出，抓住观者的视线。

2. 创意

充满创意的招贴广告能给人们带来无尽的畅想，或趣味、或深沉，并由此产生更久的回味，从而加深对广告的印象，如图 4-2 和图 4-3 所示。

图 4-2   图 4-3

3．图片

具有视觉冲击力的图片通常会给人们带来更大的震撼，提高人们对招贴广告的关注度和对宣传主题的思考。

4．文字

一目了然的文案更易于记忆和传播。招贴广告中的文字要简洁、精炼，突出主题。此外，文字的位置要尽可能处于观者的最佳视线处。

4.1.3　招贴广告的设计要领

（1）招贴的整体色彩要符合产品的个性，在设计时要充分考虑到不同色彩可能导致的不同心理感受。招贴的背景色要尽量突出标题、商标等，如图 4-4 所示。

（2）使用容易看清的字体，对于表示价格等信息的文字，字体和颜色都要突出。

（3）尽量使用与企业或产品风格近似的视觉效果、图案和色彩，以达到整体画面的统一、和谐，如图 4-5 所示。

图 4-4

图 4-5

4.2　文物博览会广告设计

文物博览会
广告设计 1

文物博览会
广告设计 2

文物博览会
广告设计 3

4.2.1　案例分析

本案例是为某文化公司的文物博览会设计制作广告，要求设计能够体现文物深厚的文化底蕴。

4.2.2　设计理念

在设计过程中，使用带有古风图案的水墨画背景体现历史感；将具有东方气韵的瓷器作为展示主体，升华宣传主题；通过详略得当的文字介绍博览会的有关信息，便于人们了解展会概貌（最终效果参看云盘中的"Ch04 > 效果 > 文物博览会广告设计 > 文物博览会广告.ai"，见图 4-6）。

图 4-6

4.2.3　操作步骤

Photoshop 应用

1．合成背景图像

（1）打开 Photoshop 2020，按 Ctrl+O 组合键，弹出"打开"对话框。选择云盘中的"Ch04 > 素材 > 文物博览会广告设计 > 01、02"文件，单击"打开"按钮，打开图片，如图 4-7 所示。选择"移动"工具 ⊕，将"02"图片拖曳到"01"图像窗口中的适当位置，效果如图 4-8 所示。在"图层"面板中将生成新的图层，将其命名为"瓶子"。

图 4-7　　　　　　　　　　　　　　　　　　图 4-8

（2）单击"图层"面板下方的"添加图层样式"按钮 *fx*，在弹出的菜单中选择"投影"命令，在弹出的对话框中进行设置，如图 4-9 所示。单击"确定"按钮，效果如图 4-10 所示。

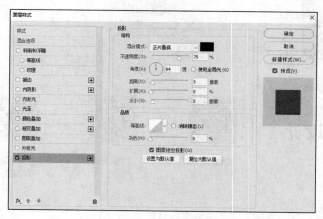

图 4-9　　　　　　　　　　　　　　　　　　图 4-10

（3）单击"图层"面板下方的"创建新的填充或调整图层"按钮 ◔，在弹出的菜单中选择"色相/饱和度"命令。在"图层"面板中将生成"色相/饱和度 1"图层，同时弹出"色相/饱和度"的"属性"面板，单击"此调整影响下面的所有图层"按钮 ⬚，使其显示为"此调整剪切到此图层"按钮 ⬚，其他选项的设置如图 4-11 所示。按 Enter 键确定操作，图像效果如图 4-12 所示。

（4）按 Shift+Ctrl+E 组合键，合并可见图层。按 Shift+Ctrl+S 组合键，弹出"另存为"对话框，将其命名为"文物博览会广告底图"，保存为 JPEG 格式。单击"保存"按钮，弹出"JPEG 选项"对话框，单击"确定"按钮，保存图像。

图 4-11

图 4-12

Illustrator 应用

2. 添加并编辑标题文字

（1）打开 Illustrator 2020，按 Ctrl+N 组合键，弹出"新建文档"对话框。设置文档的宽度为 210 mm，高度为 285 mm，方向为纵向，出血为 3 mm，颜色模式为 CMYK，单击"创建"按钮，新建一个文档。

（2）选择"文件 > 置入"命令，弹出"置入"对话框。选择云盘中的"Ch04 > 效果 > 文物博览会广告设计 > 文物博览会广告底图.jpg"文件，单击"置入"按钮，在页面中单击以置入图片。单击属性栏中的"嵌入"按钮，嵌入图片。选择"选择"工具 ▶，拖曳图片到适当的位置，效果如图 4-13 所示。按 Ctrl+2 组合键，锁定所选对象。

（3）选择"文字"工具 T，在适当的位置分别输入需要的文字。选择"选择"工具 ▶，在属性栏中分别选择合适的字体并设置文字大小，效果如图 4-14 所示。

图 4-13

图 4-14

（4）用框选的方法将输入的文字同时选取，按 Ctrl+T 组合键，弹出"字符"面板。将"设置所选字符的字距调整"选项 ⅤA 设置为-130，其他选项的设置如图 4-15 所示。按 Enter 键确定操作，效果如图 4-16 所示。

（5）选择"文件 > 置入"命令，弹出"置入"对话框。选择云盘中的"Ch04 > 素材 > 文物博览会广告设计 > 03"文件，单击"置入"按钮，在页面中单击置入图片，单击属性栏中的"嵌入"按钮，嵌入图片。选择"选择"工具 ▶，拖曳图片到适当的位置，并调整其大小，效果如图 4-17 所示。连续按 Ctrl+ [组合键，将图片后移至适当的位置，效果如图 4-18 所示。

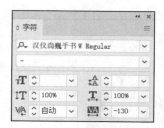

图 4-15

图 4-16

图 4-17

图 4-18

（6）选择"选择"工具 ▶，按住 Shift 键的同时，单击上方黑色"文物"文字将其选取，如图 4-19 所示。按 Ctrl+7 组合键，建立剪切蒙版，效果如图 4-20 所示。

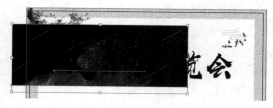

图 4-19

图 4-20

（7）选择"椭圆"工具 ⬭，按住 Shift 键的同时，在适当的位置绘制一个圆形，设置填充色为深红色（其 CMYK 值为 36、100、100、0），并设置描边色为无，效果如图 4-21 所示。

（8）选择"选择"工具 ▶，按住 Alt+Shift 组合键的同时，水平向右拖曳圆形到适当的位置，复制圆形，效果如图 4-22 所示。

图 4-21

图 4-22

（9）连续按 Ctrl+D 组合键，按需要复制出多个圆形，效果如图 4-23 所示。选择"文字"工具 T，在适当的位置输入需要的文字。选择"选择"工具 ▶，在属性栏中选择合适的字体并设置文字大小，填充文字为白色，效果如图 4-24 所示。

（10）在"字符"面板中，将"设置所选字符的字距调整"选项 🔠 设置为 765，其他选项的设置如图 4-25 所示。按 Enter 键确定操作，效果如图 4-26 所示。

图 4-23

图 4-24

图 4-25

图 4-26

（11）选择"直线段"工具 ╱，按住 Shift 键的同时，在适当的位置绘制一条直线段，设置描边色为深红色（其 CMYK 值为 36、100、100、0），填充描边，效果如图 4-27 所示。选择"选择"工具 ▶，按住 Alt+Shift 组合键的同时，水平向右拖曳直线段到适当的位置，复制直线段，效果如图 4-28 所示。

图 4-27

图 4-28

3．添加介绍性文字

（1）选择"文字"工具 T，在适当的位置拖曳出一个带有选中文本的文本框，输入需要的文字。选择"选择"工具 ▶，在属性栏中选择合适的字体并设置文字大小，效果如图 4-29 所示。

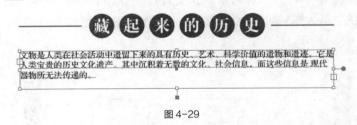

图 4-29

（2）在"字符"面板中，将"设置行距"选项 设置为 20 pt，其他选项的设置如图 4-30 所示。按 Enter 键确定操作，效果如图 4-31 所示。

（3）按 Alt+Ctrl+T 组合键，弹出"段落"面板，将"首行左缩进"选项 设置为 24 pt，其他选项的设置如图 4-32 所示。按 Enter 键确定操作，效果如图 4-33 所示。

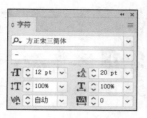

图 4-30

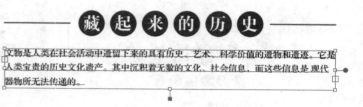

图 4-31

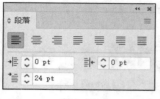

图 4-32

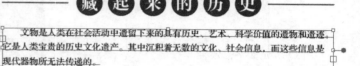

图 4-33

（4）选择"矩形"工具 ，在适当的位置绘制一个矩形，设置填充色为深红色（其 CMYK 值为 36、100、100、0），并设置描边色为无，效果如图 4-34 所示。

（5）选择"直排文字"工具 ，在适当的位置分别输入需要的文字。选择"选择"工具 ，在属性栏中分别选择合适的字体并设置文字大小，效果如图 4-35 所示。

图 4-34

图 4-35

（6）选取文字"传承……文化"，填充文字为白色，效果如图 4-36 所示。在"字符"面板中，将"设置所选字符的字距调整"选项 设置为 450，其他选项的设置如图 4-37 所示。按 Enter 键确定操作，效果如图 4-38 所示。

图 4-36

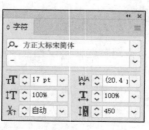

图 4-37

图 4-38

（7）选择"文字"工具 $\boxed{T}$，在适当的位置分别输入需要的文字。选择"选择"工具 ▶，在属性栏中分别选择合适的字体并设置文字大小，效果如图 4-39 所示。

（8）选择"文字"工具 $\boxed{T}$，分别选取文字"时间："，"地点："，"电话："，在属性栏中设置文字大小，取消文字的选取状态，效果如图 4-40 所示。

图 4-39

图 4-40

（9）选择"选择"工具 ▶，选取上方的文字，设置填充色为深红色（其 CMYK 值为 36、100、100、0），填充文字，效果如图 4-41 所示。文物博览会广告制作完成，效果如图 4-42 所示。

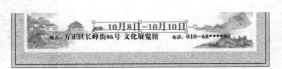
图 4-41

图 4-42

油泼面广告设计

油泼面
广告设计 1

油泼面
广告设计 2

4.3.1 案例分析

油泼面味道鲜香、辛辣，是陕西传统的特色面食之一。本案例是为油泼面设计制作广告，要求设计充分展现地域特色。

4.3.2 设计理念

在设计过程中，通过深红色的背景衬托油泼面麻辣鲜香的特色；通过背景中的大雁塔图案点明油泼面是陕西传统美食；前景中的油泼面实物图片搭配笔风粗犷的文字，触动了人们的味蕾，勾起人们的品尝欲望（最终效果参看云盘中的"Ch04 > 效果 > 油泼面广告设计 > 油泼面广告.ai"，见图 4-43）。

图 4-43

4.3.3　操作步骤

Photoshop 应用

1.　合成背景图像

（1）打开 Photoshop 2020，按 Ctrl+N 组合键，弹出"新建文档"对话框。设置宽度为 21.6 厘米，高度为 29.1 厘米，分辨率为 150 像素/英寸，颜色模式为 RGB，背景内容为红色（其 RGB 值为 232、0、27），单击"创建"按钮，新建一个文档，效果如图 4-44 所示。按住 Alt 键的同时，双击"背景"图层将其转化为普通图层并命名为"红色"，如图 4-45 所示。

（2）选择"滤镜 > 杂色 > 添加杂色"命令，在弹出的"添加杂色"对话框中进行设置，如图 4-46所示。单击"确定"按钮，效果如图 4-47 所示。

图 4-44　　　　　　图 4-45　　　　　　图 4-46　　　　　　图 4-47

（3）按 Ctrl+O 组合键，弹出"打开"对话框。选择云盘中的"Ch04 > 素材 > 油泼面广告设计 > 01~03"文件，单击"打开"按钮，打开图片。选择"移动"工具 ⊕，分别将图片拖曳到新建的图像窗口中的适当位置，效果如图 4-48 所示。在"图层"面板中将分别生成新的图层，将它们命名为"云彩""月亮""大雁塔"，如图 4-49 所示。

图 4-48　　　　　　　　　图 4-49

（4）选中"云彩"图层，在"图层"面板上方将"不透明度"选项设置为 20%，如图 4-50 所示，图像效果如图 4-51 所示。

（5）选中"月亮"图层，在"图层"面板上方将"不透明度"选项设置为 29%，如图 4-52 所示，图像效果如图 4-53 所示。

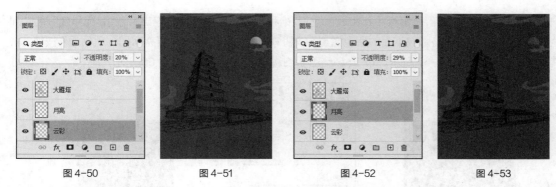

图 4-50　　　　　图 4-51　　　　　图 4-52　　　　　图 4-53

（6）选中"大雁塔"图层，在"图层"面板上方将"不透明度"选项设置为 65%，如图 4-54 所示，图像效果如图 4-55 所示。

图 4-54　　　　　　　　　图 4-55

（7）单击"图层"面板下方的"创建新的填充或调整图层"按钮 ，在弹出的菜单中选择"色相/饱和度"命令。在"图层"面板中将生成"色相/饱和度 1"图层，同时在弹出"色相/饱和度"的"属性"面板中进行设置，如图 4-56 所示。按 Enter 键确定操作，图像效果如图 4-57 所示。

图 4-56　　　　　　　　　图 4-57

（8）按 Ctrl+O 组合键，弹出"打开"对话框。选择云盘中的"Ch04 > 素材 > 油泼面广告设计 > 04"文件，单击"打开"按钮，打开图片。选择"移动"工具 ，将图片拖曳到新建的图像窗口中的适当位置，效果如图 4-58 所示。在"图层"面板中将生成新的图层，将其命名为"油泼面"。

（9）单击"图层"面板下方的"创建新的填充或调整图层"按钮 ，在弹出的菜单中选择"色相/

饱和度"命令。在"图层"面板中将生成"色相/饱和度 2"图层，同时弹出"色相/饱和度"的"属性"面板，单击"此调整影响下面的所有图层"按钮 ，使其显示为"此调整剪切到此图层"按钮 ，其他选项的设置如图 4-59 所示。按 Enter 键确定操作，图像效果如图 4-60 所示。

| 图 4-58 | 图 4-59 | 图 4-60 |

（10）单击"图层"面板下方的"创建新的填充或调整图层"按钮 ，在弹出的菜单中选择"色阶"命令。在"图层"面板中将生成"色阶 1"图层，同时弹出"色阶"的"属性"面板，单击"此调整影响下面的所有图层"按钮 ，使其显示为"此调整剪切到此图层"按钮 ，其他选项的设置如图 4-61 所示。按 Enter 键确定操作，图像效果如图 4-62 所示。

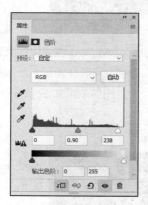

| 图 4-61 | 图 4-62 |

（11）按 Ctrl+O 组合键，弹出"打开"对话框。选择云盘中的"Ch04 > 素材 > 油泼面广告设计 > 05"文件，单击"打开"按钮，打开图片。选择"移动"工具 ，将图片拖曳到新建的图像窗口中的适当位置，效果如图 4-63 所示。在"图层"面板中将生成新的图层，将其命名为"烟雾"。

（12）选择"移动"工具 ，按住 Alt 键的同时，拖曳图片到适当的位置，复制图片，并调整复制得到的图片的大小，效果如图 4-64 所示。

（13）按 Shift+Ctrl+E 组合键，合并可见图层。按 Shift+Ctrl+S 组合键，弹出"另存为"对话框，将其命名为"油泼面广告底图"，保存为 JPEG 格式。单击"保存"按钮，弹出"JPEG 选项"对话框，单击"确定"按钮，将图像保存。

图 4-63 图 4-64

Illustrator 应用

2. 添加介绍性文字

（1）打开 Illustrator 2020，按 Ctrl+N 组合键，弹出"新建文档"对话框。设置文档的宽度为 210 mm，高度为 285 mm，方向为横向，出血为 3 mm，颜色模式为 CMYK，单击"创建"按钮，新建一个文档。

（2）选择"文件 > 置入"命令，弹出"置入"对话框。选择云盘中的"Ch04 > 效果 > 油泼面广告设计 > 油泼面广告底图.jpg"文件，单击"置入"按钮，在页面中单击置入图片。单击属性栏中的"嵌入"按钮，嵌入图片。选择"选择"工具▶，拖曳图片到适当的位置，效果如图 4-65 所示。按 Ctrl+2 组合键，锁定所选对象。

（3）选择"文字"工具 T，在页面中分别输入需要的文字。选择"选择"工具▶，在属性栏中分别选择合适的字体并设置文字大小，填充文字为白色，效果如图 4-66 所示。

（4）选择"钢笔"工具✍，在适当的位置绘制一个不规则图形，填充为白色，并设置描边色为无，效果如图 4-67 所示。

（5）选择"直排文字"工具↓T，在适当的位置输入需要的文字。选择"选择"工具▶，在属性栏中选择合适的字体并设置文字大小，效果如图 4-68 所示。

图 4-65 图 4-66 图 4-67 图 4-68

（6）按 Ctrl+T 组合键，弹出"字符"面板，将"设置所选字符的字距调整"选项🔠设置为-200，其他选项的设置如图 4-69 所示。按 Enter 键确定操作，效果如图 4-70 所示。

（7）选择"选择"工具▶，按住 Shift 键的同时，单击下方白色图形将其选取，如图 4-71 所示。选择"窗口 > 路径查找器"命令，弹出"路径查找器"面板。按住 Alt 键的同时，单击"减去顶层"按钮🔲，如图 4-72 所示。生成新的对象，效果如图 4-73 所示。

图 4-69

图 4-70

图 4-71

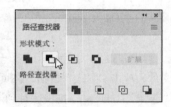

图 4-72

图 4-73

（8）选择"直排文字"工具 IT，在适当的位置输入需要的文字。选择"选择"工具 ▶，在属性栏中选择合适的字体并设置文字大小，填充文字为白色，效果如图 4-74 所示。

（9）在"字符"面板中，将"设置所选字符的字距调整"选项 设置为 100，其他选项的设置如图 4-75 所示。按 Enter 键确定操作，效果如图 4-76 所示。

图 4-74

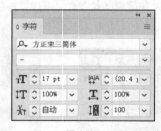

图 4-75

图 4-76

（10）选择"椭圆"工具 ○，按住 Shift 键的同时，在适当的位置绘制一个圆形，效果如图 4-77 所示。选择"剪刀"工具 ✂，在圆形路径上单击，剪断路径，效果如图 4-78 所示。选择"选择"工具 ▶，选取下方路径，如图 4-79 所示，按 Delete 键将其删除。

（11）使用"选择"工具 ▶，选取上方路径，填充图形为白色，并设置描边色为无，效果如图 4-80 所示。双击"镜像"工具 ▷◁，弹出"镜像"对话框，各选项的设置如图 4-81 所示。单击"复制"按钮，镜像并复制图形。选择"选择"工具 ▶，按住 Shift 键的同时，垂直向下拖曳复制得到的图形到适当的位置，效果如图 4-82 所示。

图 4-77

图 4-78

图 4-79

图 4-80

图 4-81

图 4-82

（12）选择"直排文字"工具 ↓T，在适当的位置分别输入需要的文字。选择"选择"工具 ▶，在属性栏中分别选择合适的字体并设置文字大小，效果如图 4-83 所示。将输入的文字同时选取，设置填充色为米黄色（其 CMYK 值为 9、22、23、0），填充文字，效果如图 4-84 所示。

图 4-83

图 4-84

（13）选取左侧的文字，在"字符"面板中，将"设置行距"选项 🔼 设置为 26 pt，其他选项的设置如图 4-85 所示。按 Enter 键确定操作，效果如图 4-86 所示。

（14）选择"直线段"工具 ╱，按住 Shift 键的同时，在适当的位置绘制一条竖线，在属性栏中将"描边粗细"选项设置为 0.5 pt，按 Enter 键确定操作。设置描边色为米黄色（其 CMYK 值为 9、22、23、0），填充描边，效果如图 4-87 所示。

图 4-85　　　　　　　　　图 4-86　　　　　　　　　图 4-87

（15）选择"选择"工具 ，按住 Alt+Shift 组合键的同时，水平向右拖曳竖线到适当的位置，复制竖线，效果如图 4-88 所示。连续按 Ctrl+D 组合键，按需要复制出多条竖线，效果如图 4-89 所示。向上拖曳竖线下端的控制手柄到适当的位置，调整其长度，效果如图 4-90 所示。油泼面广告制作完成，效果如图 4-91 所示。

图 4-88　　　　　　　图 4-89　　　　　　　图 4-90　　　　　　　图 4-91

4.4　公益环保广告设计

公益环保　　　　　公益环保　　　　　公益环保
广告设计1　　　　广告设计2　　　　广告设计3

4.4.1　案例分析

本案例是设计制作公益环保广告，要求设计风格清新，能让人感受到绿色环保的可贵。

4.4.2　设计理念

在设计过程中，通过绿色的背景传递自然、环保的理念；画面下方的城市、绿地、人物剪影展示了人与自然和谐共处的美好时刻，触动人心；画面中部的醒目文字点明宣传主题，增强了号召力（最终效果参看云盘中的"Ch04 > 效果 > 公益环保广告设计 > 公益环保广告.ai"，见图 4-92）。

图 4-92

4.4.3 操作步骤

Photoshop 应用

1. 制作背景图

（1）打开 Photoshop 2020，按 Ctrl+O 组合键，弹出"打开"对话框。选择云盘中的"Ch04 > 素材 > 公益环保广告设计 > 01、02"文件，单击"打开"按钮，打开图片，如图 4-93 所示。选择"移动"工具 ⊕，将"02"图片拖曳到"01"图像窗口中的适当位置，效果如图 4-94 所示。在"图层"面板中将生成新的图层，将其命名为"天空"。

图 4-93 图 4-94

（2）单击"图层"面板下方的"添加图层蒙版"按钮 ▣，为"天空"图层添加图层蒙版，如图 4-95 所示。将前景色设置为黑色。选择"画笔"工具 ✔，在属性栏中单击"画笔预设"选项右侧的 ▾ 按钮，在弹出的画笔面板中选择需要的画笔形状，如图 4-96 所示。在属性栏中将"不透明度"设置为 80%，在图像窗口中涂抹，擦除不需要的部分，效果如图 4-97 所示。

图 4-95 图 4-96 图 4-97

（3）按 Ctrl+O 组合键，弹出"打开"对话框。选择云盘中的"Ch04 > 素材 > 公益环保广告设计 > 03~06"文件，单击"打开"按钮，打开图片。选择"移动"工具 ⊕，分别将图片拖曳到图像窗口中的适当位置，效果如图 4-98 所示。在"图层"面板中将分别生成新的图层，将它们命名为"草地""人物""热气球 1""热气球 2"，如图 4-99 所示。

（4）选中"人物"图层。单击"图层"面板下方的"添加图层样式"按钮 ƒx，在弹出的菜单中选择"投影"命令，在弹出的对话框中进行设置，如图 4-100 所示。单击"确定"按钮，效果如图 4-101 所示。

图 4-98　　　　　　　　　　　　　　　　图 4-99

（5）选择"矩形"工具 □ ，在属性栏中将"填充"颜色设置为无，"描边"颜色设置为白色，"描边宽度"设置为 1.5 点，在图像窗口中绘制一个矩形，效果如图 4-102 所示。在"图层"面板中将生成新的形状图层"矩形 1"。

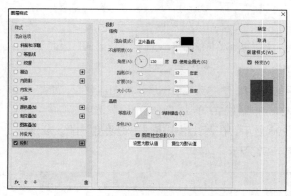

图 4-100　　　　　　　　　　　图 4-101　　　　　　图 4-102

（6）按 Shift+Ctrl+E 组合键，合并可见图层。按 Shift+Ctrl+S 组合键，弹出"另存为"对话框，将其命名为"公益环保广告底图"，保存为 JPEG 格式。单击"保存"按钮，弹出"JPEG 选项"对话框，单击"确定"按钮，将图像保存。

Illustrator 应用

2．添加并编辑标题文字

（1）打开 Illustrator 2020，按 Ctrl+N 组合键，弹出"新建文档"对话框。设置文档的宽度为 210 mm，高度为 285 mm，方向为纵向，出血为 3 mm，颜色模式为 CMYK，单击"创建"按钮，新建一个文档。

（2）选择"文件 > 置入"命令，弹出"置入"对话框。选择云盘中的"Ch04 > 效果 > 公益环保广告设计 > 公益环保广告底图.jpg"文件，单击"置入"按钮，在页面中单击置入图片，单击属性栏中的"嵌入"按钮，嵌入图片。选择"选择"工具 ▶ ，拖曳图片到适当的位置，效果如图 4-103 所示。按 Ctrl+2 组合键，锁定所选对象。

（3）选择"直排文字"工具 **T** ，在适当的位置输入需要的文字。选择"选择"工具 ▶ ，在属性栏中选择合适的字体并设置文字大小。设置填充色为浅灰色（其 CMYK 值为 0、0、0、30），填充文字，效果如图 4-104 所示。

（4）按 Ctrl+T 组合键，弹出"字符"面板，将"设置所选字符的字距调整"选项 🔠 设置为 180，其他选项的设置如图 4-105 所示。按 Enter 键确定操作，效果如图 4-106 所示。

图 4-103　　　　　　　　图 4-104　　　　　　　　　　　图 4-105　　　　　　　　　　　图 4-106

（5）按 Ctrl+C 组合键复制文字，按 Ctrl+F 组合键将复制的文字粘贴在前面。微调文字到适当的位置，效果如图 4-107 所示。按 Ctrl+C 组合键，复制文字（此文字作为备用）。

（6）设置填充色为无，并设置描边色为白色，在属性栏中将"描边粗细"选项设置为 5 pt，按 Enter 键确定操作，效果如图 4-108 所示。按 Shift+Ctrl+V 组合键，就地粘贴（备用文字），效果如图 4-109 所示。

图 4-107　　　　　　　　图 4-108　　　　　　　　图 4-109

（7）选择"文件 > 置入"命令，弹出"置入"对话框。选择云盘中的"Ch04 > 素材 > 公益环保广告设计 > 07"文件，单击"置入"按钮，在页面中单击置入图片，单击属性栏中的"嵌入"按钮，嵌入图片。选择"选择"工具 ▶，拖曳图片到适当的位置，并调整其大小，效果如图 4-110 所示。按 Ctrl+ [组合键，将图片后移一层，效果如图 4-111 所示。

图 4-110　　　　　　　　　　　图 4-111

（8）选择"选择"工具 ▶，按住 Shift 键的同时，单击上方浅灰色文字将其选取，如图 4-112 所示。按 Ctrl+7 组合键，建立剪切蒙版，效果如图 4-113 所示。用相同的方法制作其他文字，效果如图 4-114 所示。

图 4-112　　　　　　　　　　图 4-113　　　　　　　　　　图 4-114

（9）选择"文字"工具 T，输入需要的文字。选择"选择"工具 ▶，在属性栏中选择合适的字体并设置文字大小。拖曳文字到适当的位置，并旋转其角度，效果如图 4-115 所示。设置填充色为深绿色（其 CMYK 值为 89、47、100、10），填充文字，效果如图 4-116 所示。

图 4-115　　　　　　　　　　图 4-116

（10）在"字符"面板中，将"设置所选字符的字距调整"选项 ▧ 设置为 75，其他选项的设置如图 4-117 所示。按 Enter 键确定操作，效果如图 4-118 所示。

图 4-117　　　　　　　　　　图 4-118

（11）用相同的方法输入左侧的文字，并调整字距，效果如图 4-119 所示。选择"文件 > 置入"命令，弹出"置入"对话框。选择云盘中的"Ch04 > 素材 > 公益环保广告设计 > 08"文件，单击"置入"按钮，在页面中单击置入图片，单击属性栏中的"嵌入"按钮，嵌入图片。选择"选择"工具 ▶，拖曳图片到适当的位置，并调整其大小，效果如图 4-120 所示。

图 4-119　　　　　　　　　　　图 4-120

3．添加宣传性文字

（1）选择"矩形"工具 ，在适当的位置绘制一个矩形，设置描边色为深绿色（其 CMYK 值为89、47、100、10），填充描边，并设置填充色为无，效果如图 4-121 所示。

（2）选择"文字"工具 **T**，在适当的位置输入需要的文字。选择"选择"工具，在属性栏中选择合适的字体并设置文字大小。设置填充色为草绿色（其 CMYK 值为 67、0、100、0），填充文字，效果如图 4-122 所示。

图 4-121　　　　　　　　　　　图 4-122

（3）选择"直线段"工具，按住 Shift 键的同时，在适当的位置绘制一条直线段。设置描边色为草绿色（其 CMYK 值为 67、0、100、0），填充描边，效果如图 4-123 所示。选择"选择"工具，按住 Alt+Shift 组合键的同时，水平向右拖曳直线段到适当的位置，复制直线段，效果如图 4-124 所示。

绿 / 色 / 生 / 活　从 / 我 / 做 / 起

图 4-123

绿 / 色 / 生 / 活　从 / 我 / 做 / 起

图 4-124

（4）选择"椭圆"工具，按住 Shift 键的同时，在适当的位置绘制一个圆形，设置填充色为深绿色（其 CMYK 值为 89、47、100、10），并设置描边色为无，效果如图 4-125 所示。

（5）选择"选择"工具，按住 Alt+Shift 组合键的同时，水平向右拖曳圆形到适当的位置，复制圆形，效果如图 4-126 所示。连续按 Ctrl+D 组合键，按需要复制出多个圆形，效果如图 4-127所示。

图 4-125

图 4-126

图 4-127

（6）选择"文字"工具 T，在适当的位置输入需要的文字。选择"选择"工具 ，在属性栏中选择合适的字体并设置文字大小，填充文字为白色，效果如图 4-128 所示。连续按 Alt+ →组合键，适当调整字距，效果如图 4-129 所示。

图 4-128

图 4-129

（7）选择"直线段"工具 ，按住 Shift 键的同时，在适当的位置绘制一条直线段。设置描边色为深绿色（其 CMYK 值为 89、47、100、10），填充描边，效果如图 4-130 所示。选择"选择"工具 ，按住 Alt+Shift 组合键的同时，水平向右拖曳直线段到适当的位置，复制直线段，效果如图 4-131 所示。

图 4-130

图 4-131

（8）选择"文字"工具 T，在适当的位置拖曳出一个带有选中文本的文本框，输入需要的文字。选择"选择"工具 ，在属性栏中选择合适的字体并设置文字大小，效果如图 4-132 所示。设置填充色为深绿色（其 CMYK 值为 89、47、100、10），填充文字，效果如图 4-133 所示。

图 4-132

图 4-133

（9）在"字符"面板中，将"设置所选字符的字距调整"选项 设置为 275，其他选项的设置如图 4-134 所示。按 Enter 键确定操作，效果如图 4-135 所示。

图 4-134

图 4-135

（10）选择"文字"工具 T，在适当的位置输入需要的文字。选择"选择"工具，在属性栏中选择合适的字体并设置文字大小，填充文字为白色，效果如图 4-136 所示。

（11）在"字符"面板中，将"设置所选字符的字距调整"选项设置为 840，其他选项的设置如图 4-137 所示。按 Enter 键确定操作，效果如图 4-138 所示。公益环保广告制作完成。

图 4-136

图 4-137

图 4-138

冰淇淋
广告设计 1

冰淇淋
广告设计 2

4.5 冰淇淋广告设计

4.5.1 案例分析

本案例是为某快餐厅新上市的冰淇淋设计制作广告，要求设计突出冰淇淋的蓝莓海盐新口味，画面色调清爽。

4.5.2 设计理念

在设计过程中，通过蓝色的背景衬托蓝莓海盐冰淇淋诱人的色泽；通过随意摆放的冰淇淋球和蓝莓、海盐图片，强调产品的用料优质，口感怡人；用冰淇淋造型的数字"8"突出新品活动，画龙点睛（最终效果参看云盘中的"Ch04 > 效果 > 冰淇淋广告设计 > 冰淇淋广告.ai"，见图 4-139）。

图 4-139

4.5.3 操作步骤

Photoshop 应用

1. 制作背景图

（1）打开 Photoshop 2020，按 Ctrl+O 组合键，弹出"打开"对话框。选择云盘中的"Ch04 > 素材 > 冰淇淋广告设计 > 01、02"文件，单击"打开"按钮，打开图片，如图 4-140 所示。选择"移动"工具 ，将"02"图片拖曳到"01"图像窗口中的适当位置，效果如图 4-141 所示。在"图层"面板中将生成新的图层，将其命名为"紫色冰淇淋"。

图 4-140

图 4-141

（2）单击"图层"面板下方的"添加图层样式"按钮 ，在弹出的菜单中选择"投影"命令，在弹出的对话框中进行设置，如图 4-142 所示。单击"确定"按钮，效果如图 4-143 所示。

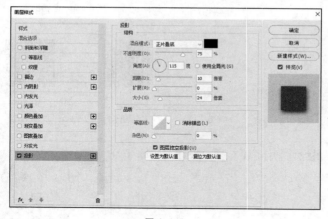

图 4-142

图 4-143

（3）按 Ctrl+O 组合键，弹出"打开"对话框。选择云盘中的"Ch04 > 素材 > 冰淇淋广告设计 > 03、04"文件，单击"打开"按钮，打开图片。选择"移动"工具 ，分别将图片拖曳到图像窗口中的适当位置，效果如图 4-144 所示。在"图层"面板中将分别生成新的图层，将它们命名为"绿色冰淇淋"和"蓝色冰淇淋"，如图 4-145 所示。

（4）在"紫色冰淇淋"图层上单击鼠标右键，在弹出的快捷菜单中选择"拷贝图层样式"命令。按住 Ctrl 键的同时，选中"蓝色冰淇淋"图层和"绿色冰淇淋"图层，在选中的图层上单击鼠标右键，在弹出的快捷菜单中选择"粘贴图层样式"命令，效果如图 4-146 所示。

图 4-144　　　　　　　　图 4-145　　　　　　　　图 4-146

（5）选中"蓝色冰淇淋"图层。单击"图层"面板下方的"创建新的填充或调整图层"按钮 ，在弹出的菜单中选择"亮度/对比度"命令。在"图层"面板中将生成"亮度/对比度 1"图层，同时弹出"亮度/对比度"的"属性"面板，单击"此调整影响下面的所有图层"按钮 ，使其显示为"此调整剪切到此图层"按钮 ，其他选项的设置如图 4-147 所示。按 Enter 键确定操作，图像效果如图 4-148 所示。

图 4-147　　　　　　　　　　　　图 4-148

（6）单击"图层"面板下方的"创建新的填充或调整图层"按钮 ，在弹出的菜单中选择"色阶"命令。在"图层"面板中将生成"色阶 1"图层，同时弹出"色阶"的"属性"面板，单击"此调整影响下面的所有图层"按钮 ，使其显示为"此调整剪切到此图层"按钮 ，其他选项的设置如图 4-149 所示。按 Enter 键确定操作，图像效果如图 4-150 所示。

图 4-149　　　　　　　　　　　　图 4-150

（7）单击"图层"面板下方的"创建新的填充或调整图层"按钮 ，在弹出的菜单中选择"色彩平衡"命令。在"图层"面板中将生成"色彩平衡 1"图层，同时弹出"色彩平衡"的"属性"面板，单击"此调整影响下面的所有图层"按钮 ，使其显示为"此调整剪切到此图层"按钮 ，其他选项的设置如图 4-151 所示。按 Enter 键确定操作，图像效果如图 4-152 所示。

图 4-151

图 4-152

（8）按 Ctrl+O 组合键，弹出"打开"对话框。选择云盘中的"Ch04 > 素材 > 冰淇淋广告设计 > 05"文件，单击"打开"按钮，打开图片。选择"移动"工具 ，将图片拖曳到图像窗口中的适当位置，效果如图 4-153 所示。在"图层"面板中将生成新的图层，将其命名为"蓝莓"。

（9）单击"图层"面板下方的"添加图层样式"按钮 fx，在弹出的菜单中选择"投影"命令，在弹出的对话框中进行设置，如图 4-154 所示。单击"确定"按钮，效果如图 4-155 所示。

图 4-153

图 4-154

图 4-155

（10）按 Shift+Ctrl+E 组合键，合并可见图层。按 Shift+Ctrl+S 组合键，弹出"另存为"对话框，将其命名为"冰淇淋广告底图"，保存为 JPEG 格式。单击"保存"按钮，弹出"JPEG 选项"对话框，单击"确定"按钮，将图像保存。

Illustrator 应用

2．添加广告语和商标

（1）打开 Illustrator 2020，按 Ctrl+N 组合键，弹出"新建文档"对话框。设置文档的宽度为 210 mm，高度为 285 mm，方向为纵向，出血为 3 mm，颜色模式为 CMYK，单击"创建"按钮，新建一个文档。

（2）选择"文件 > 置入"命令，弹出"置入"对话框。选择云盘中的"Ch04 > 效果 > 冰淇淋
广告设计 > 冰淇淋广告底图.jpg"文件，单击"置入"按钮，在页面中单击置入图片，单击属性栏中
的"嵌入"按钮，嵌入图片。选择"选择"工具 ▶，拖曳图片到适当的位置，效果如图 4-156 所示。
按 Ctrl+2 组合键，锁定所选对象。

（3）选择"矩形"工具 ▢，在适当的位置绘制一个矩形，设置描边色为深蓝色（其 CMYK 值为
87、66、28、0），填充描边，并设置填充色为无，效果如图 4-157 所示。

（4）按 Ctrl+C 组合键复制矩形，按 Ctrl+F 组合键将复制得到的矩形粘贴在前面。选择"选择"
工具 ▶，向下拖曳复制得到的矩形上边中间的控制手柄到适当的位置，调整其大小，效果如图 4-158
所示。按 Shift+X 组合键，互换填色和描边，效果如图 4-159 所示。

图 4-156　　　　图 4-157　　　　图 4-158　　　　图 4-159

（5）选择"直排文字"工具 IT，在适当的位置分别输入需要的文字。选择"选择"工具 ▶，在
属性栏中分别选择合适的字体并设置文字大小，效果如图 4-160 所示。

（6）选取右侧的文字，设置填充色为深蓝色（其 CMYK 值为 87、66、28、0），填充文字，效
果如图 4-161 所示。选取左侧的文字，填充为白色，效果如图 4-162 所示。

图 4-160　　　　　图 4-161　　　　　图 4-162

（7）按 Ctrl+T 组合键，弹出"字符"面板，将"设置所选字符的字距调整"选项设置为 150，
其他选项的设置如图 4-163 所示。按 Enter 键确定操作，效果如图 4-164 所示。

（8）选择"直排文字"工具 IT，选取文字"特色"，设置填充色为深蓝色（其 CMYK 值为 87、
66、28、0），填充文字，效果如图 4-165 所示。

（9）选择"文字"工具 T，在适当的位置输入需要的文字。选择"选择"工具 ▶，在属性栏中
选择合适的字体并设置文字大小。拖曳文字到适当的位置，并旋转其角度，填充文字为白色，效果如
图 4-166 所示。

图 4-163	图 4-164	图 4-165

（10）在"字符"面板中，将"设置所选字符的字距调整"选项 设置为 35，其他选项的设置如图 4-167 所示。按 Enter 键确定操作，效果如图 4-168 所示。

图 4-166	图 4-167	图 4-168

（11）选择"直排文字"工具，在适当的位置拖曳出一个带有选中文本的文本框，输入需要的文字；选择"选择"工具，在属性栏中选择合适的字体并设置文字大小。设置填充色为深蓝色（其 CMYK 值为 87、66、28、0），填充文字，效果如图 4-169 所示。

（12）在"字符"面板中，将"设置所选字符的字距调整"选项设置为 75，其他选项的设置如图 4-170 所示。按 Enter 键确定操作，效果如图 4-171 所示。

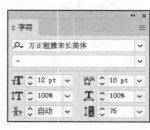

图 4-169	图 4-170	图 4-171

（13）选择"椭圆"工具，按住 Shift 键的同时，在适当的位置绘制一个圆形，设置填充色为绿色（其 CMYK 值为 85、44、100、0），并设置描边色为无，效果如图 4-172 所示。

（14）选择"选择"工具，按住 Alt+Shift 组合键的同时，垂直向下拖曳圆形到适当的位置，复制圆形，效果如图 4-173 所示。

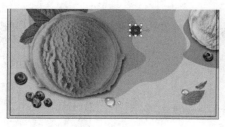
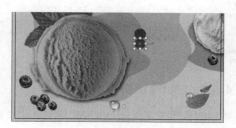

图 4-172   图 4-173

（15）按 Ctrl+D 组合键，根据需要再复制出一个圆形，效果如图 4-174 所示。选择"直排文字"工具 IT，在适当的位置输入需要的文字。选择"选择"工具 ▶，在属性栏中选择合适的字体并设置文字大小，填充文字为白色，效果如图 4-175 所示。

（16）在"字符"面板中，将"设置所选字符的字距调整"选项 設置为 350，其他选项的设置如图 4-176 所示。按 Enter 键确定操作，效果如图 4-177 所示。

图 4-174   图 4-175   图 4-176   图 4-177

（17）选择"文字"工具 T，在适当的位置输入需要的文字。选择"选择"工具 ▶，在属性栏中选择合适的字体并设置文字大小。设置填充色为洋红色（其 CMYK 值为 24、93、65、0），填充文字，效果如图 4-178 所示。选择"文字"工具 T，选取数字"8"，在属性栏中选择合适的字体并设置文字大小，效果如图 4-179 所示。

（18）按 Ctrl+O 组合键，弹出"打开"对话框。选择云盘中的"Ch04 > 素材 > 冰淇淋广告设计 > 06"文件，单击"打开"按钮，打开文件。选择"选择"工具 ▶，选取需要的图形和文字，按 Ctrl+C 组合键复制图形和文字，选择正在编辑的页面，按 Ctrl+V 组合键将其粘贴到页面中，并拖曳到适当的位置，效果如图 4-180 所示。冰淇淋广告制作完成，效果如图 4-181 所示。

图 4-178   图 4-179   图 4-180   图 4-181

音乐会
广告设计1　　音乐会
广告设计2

4.6　音乐会广告设计

4.6.1　案例分析

本案例是为西城利合大剧院即将举办的琵琶新声大型音乐会设计制作广告，要求设计风格雅致，能够体现出"东方之美"的主题。

4.6.2　设计理念

在设计过程中，通过纸纹背景营造古朴的氛围，突出琵琶艺术的历史悠久；在前景斜置一把琵琶，使画面更具视觉冲击力；文字信息错落有致，升华宣传主题（最终效果参看云盘中的"Ch04 > 效果 > 音乐会广告设计 > 音乐会广告.ai"，见图4-182）。

4.6.3　操作步骤

Photoshop 应用

1．合成背景图像

（1）打开 Photoshop 2020，按 Ctrl+O 组合键，弹出"打开"对话框。选择云盘中的"Ch04 > 素材 > 音乐会广告设计 > 01"文件，单击"打开"按钮，打开图片，效果如图4-183所示。

（2）单击"图层"面板下方的"创建新的填充或调整图层"按钮 ⊘，在弹出的菜单中选择"照片滤镜"命令。在"图层"面板中将生成"照片滤镜1"图层，同时弹出"照片滤镜"的"属性"面板，选中"颜色"单选项，将滤镜颜色设置为橙色（其 RGB 值为255、162、0），其他选项的设置如图4-184所示。按 Enter 键确定操作，图像效果如图4-185所示。

图4-183　　　　　　　　　　图4-184　　　　　　　　　　图4-185

（3）按 Ctrl+O 组合键，弹出"打开"对话框。选择云盘中的"Ch04 > 素材 > 音乐会广告设计 > 02"文件，单击"打开"按钮，打开图片。选择"移动"工具 ✛，将图片拖曳到图像窗口中的适当位置，效果如图4-186所示。在"图层"面板中将生成新的图层，将其命名为"纹理"。

（4）在"图层"面板中，将"纹理"图层的混合模式设置为"正片叠底"，"不透明度"选项设置为60%，如图4-187所示，图像效果如图4-188所示。

（5）按 Ctrl+O 组合键，弹出"打开"对话框。选择云盘中的"Ch04 > 素材 > 音乐会广告设计 > 03"文件，单击"打开"按钮，打开图片。选择"移动"工具 ✛，将图片拖曳到图像窗口中的适当位置，效果如图 4-189 所示。在"图层"面板中将生成新的图层，将其命名为"琵琶"。

（6）单击"图层"面板下方的"添加图层样式"按钮 fx ，在弹出的菜单中选择"渐变叠加"命令，弹出"渐变叠加"对话框。单击"点按可编辑渐变"按钮 ，弹出"渐变编辑器"窗口，在"位置"选项中分别输入 0、100 两个位置点，设置两个位置点颜色的 RGB 值分别为 0（255、255、255）、100（248、54、0），如图 4-190 所示。单击"确定"按钮，返回"图层样式"对话框，其他选项的设置如图 4-191 所示。单击"确定"按钮，图像效果如图 4-192 所示。

图 4-186

图 4-187

图 4-188

图 4-189

图 4-190

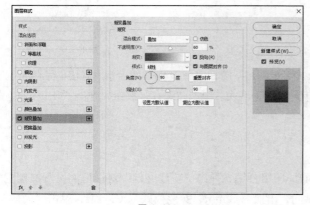

图 4-191

图 4-192

（7）单击"图层"面板下方的"添加图层样式"按钮 *fx*，在弹出的菜单中选择"投影"命令，在弹出的对话框中进行设置，如图 4-193 所示。单击"确定"按钮，效果如图 4-194 所示。

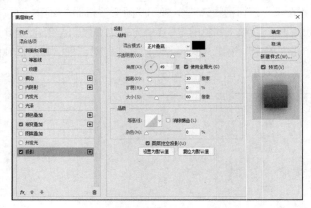 

图 4-193 图 4-194

（8）单击"图层"面板下方的"创建新的填充或调整图层"按钮 ⊘，在弹出的菜单中选择"照片滤镜"命令。在"图层"面板中将生成"照片滤镜 2"图层，同时弹出"照片滤镜"的"属性"面板，选中"颜色"单选项，将滤镜颜色设置为红色（其 RGB 值为 255、0、30），其他选项的设置如图 4-195 所示。按 Enter 键确定操作，图像效果如图 4-196 所示。

（9）选中"照片滤镜 2"图层蒙版缩览图，选择"渐变"工具 ▣，单击属性栏中的"点按可编辑渐变"按钮 ▆▆▆ ⌄，弹出"渐变编辑器"窗口，将渐变色设置为从黑色到白色，单击"确定"按钮。在图像窗口中拖曳鼠标，填充渐变色，松开鼠标左键，效果如图 4-197 所示。

图 4-195 图 4-196 图 4-197

（10）按 Shift+Ctrl+E 组合键，合并可见图层。按 Shift+Ctrl+S 组合键，弹出"另存为"对话框，将其命名为"音乐会广告底图"，保存为 JPEG 格式。单击"保存"按钮，弹出"JPEG 选项"对话框，单击"确定"按钮，将图像保存。

Illustrator 应用

2．添加并标题文字

（1）打开 Illustrator 2020，按 Ctrl+N 组合键，弹出"新建文档"对话框。设置文档的宽度为 500 mm，高度为 700 mm，方向为纵向，出血为 3 mm，颜色模式为 CMYK，单击"创建"按钮，新建一个文档。

（2）选择"文件 > 置入"命令，弹出"置入"对话框。选择云盘中的"Ch04 > 效果 > 音乐会广告设计 > 音乐会广告底图.jpg"文件，单击"置入"按钮，在页面中单击置入图片。单击属性栏中的"嵌入"按钮，嵌入图片。选择"选择"工具 ▶，拖曳图片到适当的位置，效果如图 4-198 所示。按 Ctrl+2 组合键，锁定所选对象。

（3）选择"直排文字"工具 ↓T，在页面中分别输入需要的文字。选择"选择"工具 ▶，在属性栏中选择合适的字体并设置文字大小，效果如图 4-199 所示。

图 4-198

图 4-199

（4）按 Ctrl+T 组合键，弹出"字符"面板，将"垂直缩放"选项 ↓T 设置为 92%，其他选项的设置如图 4-200 所示。按 Enter 键确定操作，效果如图 4-201 所示。

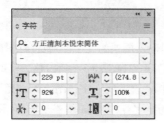

图 4-200

图 4-201

（5）选择"直排文字"工具 ↓T，在文字"东"下方单击以插入光标，如图 4-202 所示。选择"文字 > 字形"命令，弹出"字形"面板，设置字体并选择需要的字形，如图 4-203 所示。双击插入字形，效果如图 4-204 所示。

图 4-202

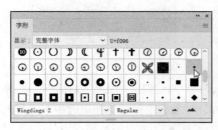

图 4-203

图 4-204

（6）保持光标处于闪烁状态。在"字符"面板中，将"设置两个字符间的字距微调"选项 ⸜V设置为-200，其他选项的设置如图 4-205 所示。按 Enter 键确定操作，效果如图 4-206 所示。

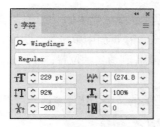

图4-205

图4-206

（7）在文字"东"下方单击以左键插入光标，如图4-207所示。在"字符"面板中，将"设置两个字符间的字距微调"选项 设置为-200，其他选项的设置如图4-208所示。按Enter键确定操作，效果如图4-209所示。用相同的方法在其他文字处插入相同的字形，效果如图4-210所示。

图4-207

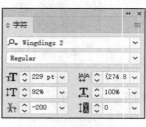

图4-208

图4-209

图4-210

（8）选择"直排文字"工具 ，在适当的位置分别输入需要的文字。选择"选择"工具 ，在属性栏中分别选择合适的字体并设置文字大小，效果如图4-211所示。

（9）将输入的文字同时选取，在"字符"面板中，将"设置所选字符的字距调整"选项 设置为200，其他选项的设置如图4-212所示。按Enter键确定操作，效果如图4-213所示。

图4-211

图4-212

图4-213

（10）选择"文件 > 置入"命令，弹出"置入"对话框。选择云盘中的"Ch04 > 素材 > 音乐会广告设计 > 04"文件，单击"置入"按钮，在页面中单击置入图片，单击属性栏中的"嵌入"按钮，嵌入图片。选择"选择"工具 ，拖曳图片到适当的位置，并调整其大小，效果如图4-214所示。

（11）选择"直排文字"工具 ，在适当的位置输入需要的文字。选择"选择"工具 ，在属性栏中选择合适的字体并设置文字大小。设置填充色为米黄色（其CMYK值为4、11、18、0），填充文字，效果如图4-215所示。

图 4-214

图 4-215

（12）选择"直排文字"工具 ，在适当的位置输入需要的文字。选择"选择"工具 ，在属性栏中选择合适的字体并设置文字大小，效果如图 4-216 所示。

（13）在"字符"面板中，将"设置行距"选项 设置为 40 pt，其他选项的设置如图 4-217 所示。按 Enter 键确定操作，效果如图 4-218 所示。

图 4-216

图 4-217

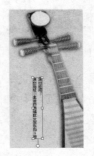

图 4-218

（14）选择"文字"工具 ，输入需要的文字。选择"选择"工具 ，在属性栏中选择合适的字体并设置文字大小，调整其位置和角度，效果如图 4-219 所示。

（15）选择"矩形"工具 ，在适当的位置绘制一个矩形，设置填充色为橙色（其 CMYK 值为 16、85、100、0），并设置描边色为无，效果如图 4-220 所示。

图 4-219

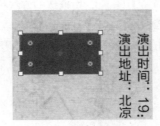

图 4-220

（16）双击"旋转"工具 ，弹出"旋转"对话框，各选项的设置如图 4-221 所示。单击"复制"按钮，旋转并复制矩形，效果如图 4-222 所示。

（17）选择"选择"工具 ，拖曳复制得到的矩形到适当的位置，效果如图 4-223 所示。选择"直线段"工具 ，按住 Shift 键的同时，在适当的位置绘制一条 45° 角斜线，效果如图 4-224 所示。

在属性栏中将"描边粗细"选项设置为 4 pt。按 Enter 键确定操作，效果如图 4-225 所示。

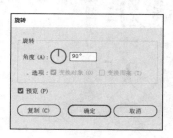

图 4-221

图 4-222

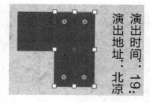

图 4-223

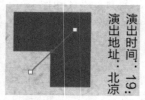

图 4-224

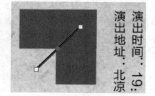

图 4-225

（18）选择"文字"工具 T，在适当的位置分别输入需要的文字。选择"选择"工具 ▶，在属性栏中分别选择合适的字体并设置文字大小，效果如图 4-226 所示。

（19）选取数字"10.01"，在"字符"面板中，将"水平缩放"选项 T 设置为 81%，其他选项的设置如图 4-227 所示。按 Enter 键确定操作，效果如图 4-228 所示。

图 4-226

图 4-227

图 4-228

（20）选择"选择"工具 ▶，用框选的方法将图形和文字同时选取，按住 Alt+Shift 组合键垂直向下拖曳图形和文字到适当的位置，复制图形和文字，效果如图 4-229 所示。选择"文字"工具 T，选取并重新输入需要的文字，效果如图 4-230 所示。

图 4-229

图 4-230

（21）选择"文字"工具 T ，在适当的位置分别输入需要的文字。选择"选择"工具 ▶ ，在属性栏中分别选择合适的字体并设置文字大小，效果如图 4-231 所示。

（22）在"字符"面板中，将"设置所选字符的字距调整"选项 VA 设置为 200，其他选项的设置如图 4-232 所示。按 Enter 键确定操作，效果如图 4-233 所示。

图 4-231

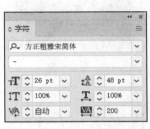
图 4-232

图 4-233

（23）选择"直排文字"工具 IT ，在适当的位置输入需要的文字。选择"选择"工具 ▶ ，在属性栏中选择合适的字体并设置文字大小，效果如图 4-234 所示。音乐会广告制作完成，效果如图 4-235 所示。

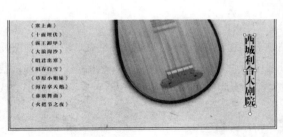
图 4-234

图 4-235

4.7 课堂练习——篮球赛广告设计

篮球赛广告设计 1

篮球赛广告设计 2

4.7.1 案例分析

本案例是为即将举办的某篮球赛事设计制作广告，要求设计风格突出体育赛事的激情。

4.7.2 设计理念

在设计过程中，采用篮球场图片作为背景，仿佛将人们带入比赛现场；在前景中放置旋转效果的篮球图片，为画面带来动感，令宣传主题更加突出；斜置的计分牌和文字用于营造激烈的比赛氛围，激发人们参与的热情（最终效果参看云盘中的"Ch04 > 效果 > 篮球赛广告设计 > 篮球赛广告.ai"，见图 4-236）。

图 4-236

 课后习题——现代家居展广告设计

4.8.1　案例分析

现代家居展广告设计1　现代家居展广告设计2

本案例是为一家从事新中式家具专业设计的品牌推出的"现代东方家居展"设计制作广告，要求设计风格古朴，能够体现东方美学。

4.8.2　设计理念

在设计过程中，通过古色古香的木纹背景烘托宣传主题；通过摆放齐整的中式家具实物图片，展现气定神闲的东方气韵；展览的信息文字方正朴实，使画面更显典雅、大气（最终效果参看云盘中的"Ch04 > 效果 > 现代家居展广告设计 > 现代家居展广告.ai"，见图 4-237）。

图 4-237

05 第5章
直邮广告

直邮广告是一种针对选定的受众，通过邮寄投递，为产品扩大客户群的广告形式。通过本章的学习，读者可以熟悉直邮广告的设计思路，掌握直邮广告的制作方法和技巧。

课堂学习目标

- 了解直邮广告的特点
- 熟悉直邮广告的设计要领
- 掌握直邮广告的制作方法和技巧

素养目标

- 加深对中华优秀传统文化的热爱
- 培养精益求精的工作作风

5.1 **直邮广告概述**

5.1.1 直邮广告的特点

1．精准度高

直邮广告大多通过邮寄或派发的形式传播给受众，是一种主动的传播，对象精准度较高。

2．形式多样

直邮广告的形式有许多种，既可以做成折页也可以做成宣传册。外观形状上除了常见的正方形、长方形，还可以做成各种异形，如图 5-1 所示。别具匠心的设计可以增加人们的阅读兴趣。

图 5-1

5.1.2 直邮广告的设计要领

1．对象明确

由于直邮广告的目标对象是基本确定的，所以设计师要根据目标对象的年龄、性别、职业等特点，更有针对性地进行广告设计，以提高广告转化率。

2．易读易懂

直邮广告的标题与说明文字要尽量用易读易懂的语句来表现，使宣传内容一目了然，如图 5-2 所示。

图 5-2

3．设计巧妙

直邮广告的设计要巧妙，形式多样，如折叠就有对折、三折等方式。别出心裁的设计会激发人们对广告的兴趣，增加对商家的好感，如图 5-3 所示。当然，巧妙设计的前提是广告要便于拆阅。

图 5-3

5.2 辞典广告设计

5.2.1 案例分析

本案例是为一本汉字辞典设计制作广告，要求设计风格素雅，能够突出汉字的魅力。

5.2.2 设计理念

在设计过程中，使用素雅的竹、荷图片作为背景，营造静谧之感；添加具有杂色和卷页效果的底图，使画面更具浓郁的古典气息；在前景中对辞典实物进行展示，搭配纵横排列的文字，凸显产品的特色（最终效果参看云盘中的"Ch05 > 效果 > 辞典广告设计 > 辞典广告.ai"，见图 5-4）。

图 5-4

5.2.3 操作步骤

Photoshop 应用

1. 制作辞典效果

（1）打开 Photoshop 2020，按 Ctrl+O 组合键，弹出"打开"对话框。选择云盘中的"Ch05 > 素材 > 辞典广告设计 > 01"文件，单击"打开"按钮，打开图片，如图 5-5 所示。新建图层并将其命名为"形状变换"。将前景色设置为浅蓝色（其 RGB 值为 202、219、219）。选择"钢笔"工具 ，在图像窗口中绘制路径，如图 5-6 所示。按 Ctrl+Enter 组合键将路径转换为选区，按 Alt+Delete 组合键用前景色填充选区，按 Ctrl+D 组合键取消选区，效果如图 5-7 所示。

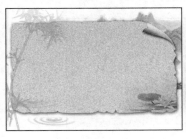
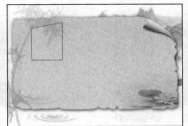

图 5-5　　　　　　　　　　图 5-6　　　　　　　　　　图 5-7

（2）单击"图层"面板下方的"添加图层样式"按钮 fx，在弹出的菜单中选择"斜面和浮雕"命令，在弹出的对话框中进行设置，如图 5-8 所示。选择"投影"选项，选项设置如图 5-9 所示。单击"确定"按钮，效果如图 5-10 所示。

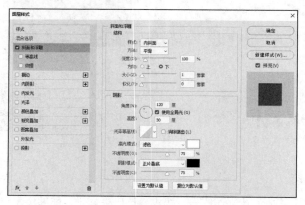

图 5-8

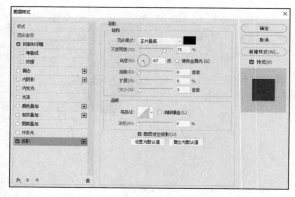

图 5-9

图 5-10

（3）按 Ctrl+O 组合键，弹出"打开"对话框。选择云盘中的"Ch05 > 素材 > 辞典广告设计 > 02"文件，单击"打开"按钮，打开图片。选择"移动"工具 ⊕，将图片拖曳到图像窗口中的适当位置，如图 5-11 所示。在"图层"面板中将生成新的图层，并将其命名为"书面"。

（4）按 Ctrl+T 组合键，图像周围将出现控制手柄，按住 Ctrl+Shift 组合键的同时，拖曳右边中间的控制手柄，使图像斜切变形，按 Enter 键确定操作，效果如图 5-12 所示。

图 5-11

图 5-12

（5）单击"图层"面板下方的"添加图层样式"按钮 fx，在弹出的菜单中选择"斜面和浮雕"命令，在弹出的对话框中进行设置，如图 5-13 所示。选择"投影"选项，选项设置如图 5-14 所示。单击"确定"按钮，图像效果如图 5-15 所示。

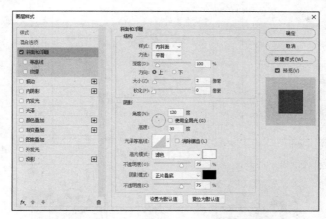

图 5-13

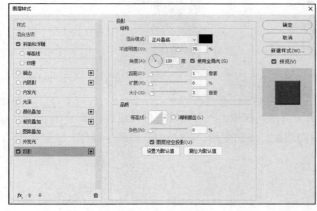

图 5-14

图 5-15

（6）按住 Ctrl 键的同时，单击"书面"图层的缩览图，图像周围将生成选区。单击"图层"面板下方的"创建新的填充或调整图层"按钮，在弹出的菜单中选择"渐变"命令。在"图层"面板中将自动生成"渐变填充 1"图层，同时弹出"渐变填充"对话框。单击"点按可编辑渐变"按钮，弹出"渐变编辑器"窗口，将渐变色设置为从灰绿色（其 RGB 值为 152、170、170）到灰绿色，在渐变色带上方添加不透明色标，分别选中不透明色标，将"位置"设置为"1""3""4"，分别将"不透明度"设置为"0""31""0"，如图 5-16 所示。单击"确定"按钮，返回"渐变填充"对话框，其他选项的设置如图 5-17 所示。单击"确定"按钮，效果如图 5-18 所示。

（7）新建图层并将其命名为"长方形"。将前景色设置为墨绿色（其 RGB 值为 33、47、33）。选择"多边形套索"工具，在图像窗口中绘制与书面高度相同的矩形选区，效果如图 5-19 所示。按 Alt+Delete 组合键用前景色填充选区，按 Ctrl+D 组合键取消选区，效果如图 5-20 所示。

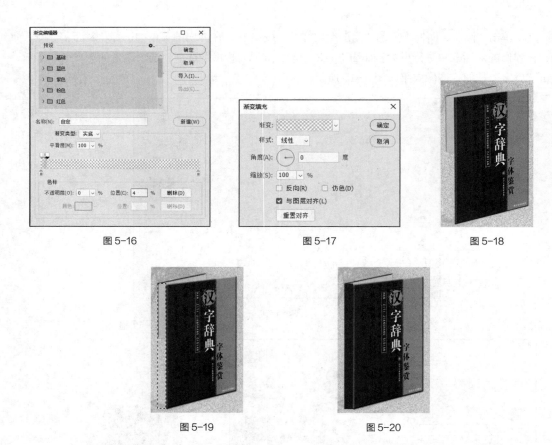

图 5-16   图 5-17   图 5-18

图 5-19   图 5-20

（8）选择"滤镜 > 杂色 > 添加杂色"命令，在弹出的对话框中进行设置，如图 5-21 所示，单击"确定"按钮。按 Ctrl+T 组合键，对图形进行斜切变形，按 Enter 键确定操作，效果如图 5-22 所示。

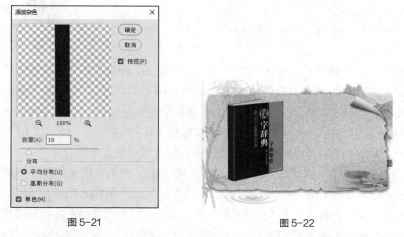

图 5-21   图 5-22

（9）单击"图层"面板下方的"添加图层样式"按钮 *fx*，在弹出的菜单中选择"投影"命令，在弹出的对话框中进行设置，如图 5-23 所示。单击"确定"按钮，效果如图 5-24 所示。

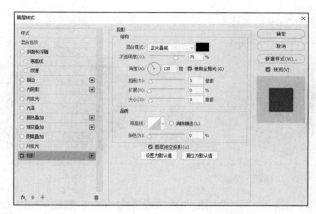

图 5-23   图 5-24

（10）新建图层并将其命名为"页数"。将前景色设置为浅绿色（其 RGB 值为 202、226、224）。选择"矩形选框"工具，在图像窗口中拖曳鼠标绘制选区，按 Alt+Delete 组合键用前景色填充选区，按 Ctrl+D 组合键取消选区。

（11）选择"滤镜 > 滤镜库"命令，在弹出的对话框中进行设置，如图 5-25 所示。单击"确定"按钮，效果如图 5-26 所示。

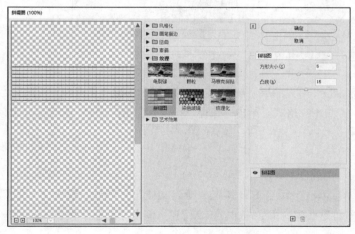

图 5-25   图 5-26

（12）在"图层"面板中，将"页数"图层拖曳到"形状变换"图层的上方。按 Ctrl+T 组合键，图像周围将出现控制手柄，按住 Ctrl 键的同时，拖曳控制手柄对图像进行扭曲变形，按 Enter 键确定操作，效果如图 5-27 所示。

（13）在"图层"面板中，按住 Shift 键的同时，选中"形状变换"图层和"长方形"图层之间的所有图层，按 Ctrl+G 组合键将其编组并命名为"书"。将"书"图层组拖曳到面板下方的"创建新图层"按钮上进行复制，生成"书 拷贝"图层组。按 Ctrl+E 组合键，将"书 拷贝"图层组中的所有图层合并，在图像窗口中适当调整其位置和倾斜度，效果如图 5-28 所示。

（14）按 Ctrl+O 组合键，弹出"打开"对话框。选择云盘中的"Ch05 > 素材 > 辞典广告设计 > 03"文件，单击"打开"按钮，打开图片。选择"移动"工具，将图片拖曳到图像窗口中的适当位置，效果如图 5-29 所示。在"图层"面板中将生成新的图层，将其命名为"水墨"。

图 5-27　　　　　　　　　　　　图 5-28　　　　　　　　　　　　图 5-29

（15）在"图层"面板中，将"水墨"图层的"不透明度"选项设置为 35%，如图 5-30 所示，图像效果如图 5-31 所示。

图 5-30　　　　　　　　　　　　　图 5-31

（16）按 Shift+Ctrl+E 组合键，合并可见图层。按 Ctrl+S 组合键，弹出"另存为"对话框，将其命名为"辞典广告底图"，保存为 JPEG 格式。单击"保存"按钮，弹出"JPEG 选项"对话框，单击"确定"按钮，将图像保存。

Illustrator 应用

2．添加并编辑标题文字

（1）打开 Illustrator 2020，按 Ctrl+N 组合键，弹出"新建文档"对话框。设置文档的宽度为 297 mm，高度为 210 mm，方向为横向，颜色模式为 CMYK，单击"创建"按钮，新建一个文档。

（2）选择"文件 > 置入"命令，弹出"置入"对话框。选择云盘中的"Ch05 > 效果 > 辞典广告设计 > 辞典广告底图.jpg"文件，单击"置入"按钮，在页面中单击置入图片，单击属性栏中的"嵌入"按钮，嵌入图片。选择"选择"工具 ▶，拖曳图片到适当的位置，效果如图 5-32 所示。按 Ctrl+2 组合键，锁定所选对象。

（3）选择"直排文字"工具 ↓T，在适当的位置输入需要的文字。选择"选择"工具 ▶，在属性栏中选择合适的字体并设置文字大小，效果如图 5-33 所示。

（4）按 Ctrl+T 组合键，弹出"字符"面板，将"设置所选字符的字距调整"选项 ＩＡ 设置为−120，其他选项的设置如图 5-34 所示。按 Enter 键确定操作，效果如图 5-35 所示。

图 5-32

图 5-33

图 5-34

图 5-35

（5）选择"直排文字"工具 $\underline{IT}$，选取文字"辞典"，在属性栏中设置文字大小，效果如图 5-36 所示。选择"选择"工具，按 Ctrl+C 组合键复制文字，按 Ctrl+B 组合键将复制得到的文字粘贴在后面。微调文字到适当的位置，填充文字为白色，效果如图 5-37 所示。

图 5-36

图 5-37

（6）选择"直排文字"工具 $\underline{IT}$，选取文字"辞典"，如图 5-38 所示。按 Delete 键将其删除，效果如图 5-39 所示。

图 5-38

图 5-39

（7）选择"椭圆"工具，按住 Shift 键的同时，在适当的位置绘制一个圆形，填充为白色，效果如图 5-40 所示。选择"选择"工具 ▶，按住 Alt+Shift 组合键的同时，垂直向下拖曳圆形到适当的位置，复制圆形，效果如图 5-41 所示。连续按 Ctrl+D 组合键，按需要复制出多个圆形，效果如图 5-42 所示。

图 5-40 　　　　　　　　　图 5-41 　　　　　　　　　图 5-42

（8）选择"直排文字"工具 ↓T，在适当的位置输入需要的文字。选择"选择"工具 ▶，在属性栏中选择合适的字体并设置文字大小，效果如图 5-43 所示。

（9）在"字符"面板中，将"设置所选字符的字距调整"选项 设置为 270，其他选项的设置如图 5-44 所示。按 Enter 键确定操作，效果如图 5-45 所示。

图 5-43 　　　　　　　　　图 5-44 　　　　　　　　　图 5-45

（10）选择"直排文字"工具 ↓T，在适当的位置拖曳出一个带有选中文本的文本框，输入需要的文字。选择"选择"工具 ▶，在属性栏中选择合适的字体并设置文字大小，效果如图 5-46 所示。

（11）在"字符"面板中，将"设置行距"选项 设置为 26 pt，其他选项的设置如图 5-47 所示。按 Enter 键确定操作，效果如图 5-48 所示。

图 5-46 　　　　　　　　　图 5-47 　　　　　　　　　图 5-48

（12）选择"直线段"工具 ╱，按住 Shift 键的同时，在适当的位置绘制一条竖线，效果如图 5-49

所示。选择"选择"工具 ▶，按住 Alt+Shift 组合键的同时，水平向左拖曳竖线到适当的位置，复制竖线，效果如图 5-50 所示。

（13）连续按 Ctrl+D 组合键，按需要复制出多条竖线，效果如图 5-51 所示。向上拖曳竖线下端的控制手柄到适当的位置，调整其长度，效果如图 5-52 所示。

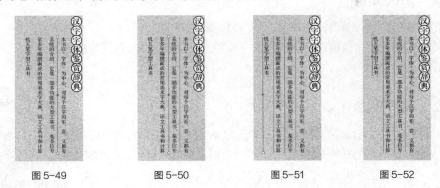

图 5-49　　　　　图 5-50　　　　　图 5-51　　　　　图 5-52

（14）选择"矩形"工具 ▭，在适当的位置绘制一个矩形，设置描边为黑色，并设置填充色为无，效果如图 5-53 所示。选择"文字"工具 Ｔ，在适当的位置输入需要的文字。选择"选择"工具 ▶，在属性栏中选择合适的字体并设置文字大小，效果如图 5-54 所示。

图 5-53

图 5-54

（15）在"字符"面板中，将"设置所选字符的字距调整" 选项 ⅤA 设置为 300，其他选项的设置如图 5-55 所示。按 Enter 键确定操作，效果如图 5-56 所示。辞典广告制作完成，效果如图 5-57 所示。

图 5-55

图 5-56

图 5-57

5.3　五谷杂粮广告设计

五谷杂粮
广告设计1　　五谷杂粮
广告设计2

5.3.1　案例分析

腊八节是我国的传统节日，在北方，腊八蒜、腊八粥、腊八面
等都是腊八节的传统美食。腊八节即将到来，本案例是为某品牌的五谷杂粮设计制作广告，要求设计
能够体现出节日的氛围。

5.3.2　设计理念

在设计过程中，使用蓝色作为背景色，营造出冬日氛围，烘托宣传主题；
在前景中放置色泽饱满的五谷杂粮图片，令画面更鲜活的同时刺激人们的味
蕾；使用书法体的标题点明主旨，搭配宣传语，拉近与顾客的距离（最终效
果参看云盘中的"Ch05 > 效果 > 五谷杂粮广告设计 > 五谷杂粮广告.ai"，
见图 5-58）。

图 5-58

5.3.3　操作步骤

Photoshop 应用

1．制作背景图

（1）打开 Photoshop 2020，按 Ctrl+N 组合键，弹出"新建文档"对话框。设置宽度为 21.6 厘
米，高度为 29.1 厘米，分辨率为 150 像素/英寸，颜色模式为 RGB，背景内容为蓝色（其 RGB 值为
91、149、230），单击"创建"按钮，新建一个文档，如图 5-59 所示。

（2）选择"视图 > 新建参考线版面"命令，弹出"新建参考线版面"对话框，各选项的设置如
图 5-60 所示。单击"确定"按钮，完成版面参考线的创建，效果如图 5-61 所示。

图 5-59　　　　　　　　　　　图 5-60　　　　　　　　　　　图 5-61

（3）单击"图层"面板下方的"创建新的填充或调整图层"按钮 ⊘，在弹出的菜单中选择"图案
填充"命令。在"图层"面板中将生成"图案填充 1"图层，同时弹出"图案填充"对话框，单击左
侧的图案选项，弹出图案选择面板，展开"旧版图案及其他 > 旧版图案 > 彩色纸"选项，选中图案
"灰色犊皮纸"，如图 5-62 所示。返回"图案填充"对话框，其他选项的设置如图 5-63 所示。单击
"确定"按钮，效果如图 5-64 所示。

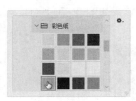

图 5-62

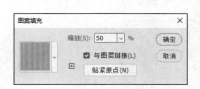
图 5-63

图 5-64

提示

如果无"旧版图案及其他"选项，可以选择"窗口 > 图案"命令，弹出"图案"面板，单击面板右上方的≡图标，在弹出的菜单中选择"旧版图案及其他"命令来加载"旧版图案及其他"。

（4）在"图层"面板中，将"图案填充 1"图层的混合模式设置为"柔光"，"不透明度"选项设置为 80%，如图 5-65 所示。按 Enter 键确定操作，效果如图 5-66 所示。

图 5-65

图 5-66

（5）单击"图层"面板下方的"创建新的填充或调整图层"按钮 ，在弹出的菜单中选择"色阶"命令。在"图层"面板中将生成"色阶 1"图层，在同时弹出的"色阶"的"属性"面板中进行设置，如图 5-67 所示。按 Enter 键确定操作，图像效果如图 5-68 所示。

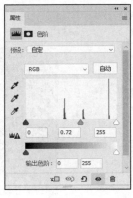
图 5-67

图 5-68

（6）单击"图层"面板下方的"创建新的填充或调整图层"按钮 ，在弹出的菜单中选择"亮度/

对比度"命令。在"图层"面板中将生成"亮度/对比度 1"图层，在同时弹出的"亮度/对比度"的"属性"面板中进行设置，如图 5-69 所示。按 Enter 键确定操作，图像效果如图 5-70 所示。

图 5-69　　　　　　　　　　　　　　图 5-70

（7）按 Ctrl+O 组合键，弹出"打开"对话框。选择云盘中的"Ch05 > 素材 > 五谷杂粮广告设计 > 01、02"文件，单击"打开"按钮，打开图片。选择"移动"工具 ，将图片分别拖曳到新建图像窗口中适当的位置，效果如图 5-71 所示。在"图层"面板中将分别生成新的图层，将它们命名为"装饰"和"五谷杂粮"，如图 5-72 所示。

图 5-71　　　　　　　　　　　　　　图 5-72

（8）单击"图层"面板下方的"添加图层样式"按钮 *fx*，在弹出的菜单中选择"内发光"命令，弹出"图层样式"对话框，将内发光颜色设置为紫红色（其 RGB 值为 136、19、33），其他选项的设置如图 5-73 所示。单击"确定"按钮，效果如图 5-74 所示。

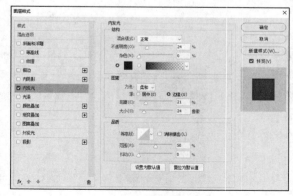

图 5-73　　　　　　　　　　　　　　图 5-74

（9）单击"图层"面板下方的"添加图层样式"按钮 *fx*，在弹出的菜单中选择"投影"命令，在弹出的对话框中进行设置，如图 5-75 所示。单击"确定"按钮，效果如图 5-76 所示。五谷杂粮广告底图制作完成。

图 5-75   图 5-76

（10）按 Shift+Ctrl+E 组合键，合并可见图层。按 Shift+Ctrl+S 组合键，弹出"另存为"对话框，将其命名为"五谷杂粮广告底图"，保存为 JPEG 格式。单击"保存"按钮，弹出"JPEG 选项"对话框，单击"确定"按钮，将图像保存。

Illustrator 应用

2．添加介绍性文字

（1）打开 Illustrator 2020，按 Ctrl+N 组合键，弹出"新建文档"对话框。设置文档的宽度为 210 mm，高度为 285 mm，方向为纵向，颜色模式为 CMYK，单击"创建"按钮，新建一个文档。

（2）选择"文件 > 置入"命令，弹出"置入"对话框。选择云盘中的"Ch05 > 效果 > 五谷杂粮广告设计 > 五谷杂粮广告底图.jpg"文件，单击"置入"按钮，在页面中单击置入图片。单击属性栏中的"嵌入"按钮，嵌入图片。选择"选择"工具 ▶，拖曳图片到适当的位置，效果如图 5-77 所示。按 Ctrl+2 组合键，锁定所选对象。

（3）选择"文字"工具 **T**，在适当的位置输入需要的文字。选择"选择"工具 ▶，在属性栏中选择合适的字体并设置文字大小，填充文字为白色，效果如图 5-78 所示。

图 5-77   图 5-78

（4）按 Ctrl+T 组合键，弹出"字符"面板，将"设置所选字符的字距调整"选项 **V/A** 设置为-160，其他选项的设置如图 5-79 所示。按 Enter 键确定操作，效果如图 5-80 所示。

图 5-79

图 5-80

（5）选择"文字"工具 T ，选取文字"迎"。在"字符"面板中，将"设置字体大小"选项 T
设置为 123 pt，其他选项的设置如图 5-81 所示。按 Enter 键确定操作，效果如图 5-82 所示。

图 5-81

图 5-82

（6）用相同的方法分别设置文字"腊"和"八"的字体大小与基线偏移，效果如图 5-83 所示。
选择"效果 > 风格化 > 投影"命令，在弹出的"投影"对话框中进行设置，如图 5-84 所示。单击
"确定"按钮，效果如图 5-85 所示。

图 5-83

图 5-84

图 5-85

（7）选择"文件 > 置入"命令，弹出"置入"对话框。选择云盘中的"Ch05 > 素材 > 五谷杂
粮广告设计 > 03"文件，单击"置入"按钮，在页面中单击置入图片，单击属性栏中的"嵌入"按
钮，嵌入图片。选择"选择"工具 ，拖曳图片到适当的位置，效果如图 5-86 所示。

（8）选择"文字"工具 T ，在适当的位置输入需要的文字。选择"选择"工具 ，在属性栏中
选择合适的字体并设置文字大小，填充文字为白色，效果如图 5-87 所示。

图 5-86

图 5-87

（9）选择"效果 > 风格化 > 投影"命令，在弹出的"投影"对话框中进行设置，如图 5-88 所示。单击"确定"按钮，效果如图 5-89 所示。

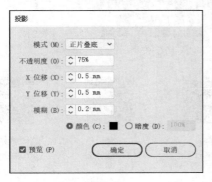
图 5-88

图 5-89

（10）选择"文字"工具 T，在适当的位置输入需要的文字。选择"选择"工具 ▶，在属性栏中选择合适的字体并设置文字大小，单击"居中对齐"按钮 ≡，文字效果如图 5-90 所示。填充文字为白色，效果如图 5-91 所示。

图 5-90

图 5-91

（11）在"字符"面板中，将"设置行距"选项 ┆A 设置为 14 pt，其他选项的设置如图 5-92 所示。按 Enter 键确定操作，效果如图 5-93 所示。

图 5-92

图 5-93

（12）选择"文字"工具 T，在适当的位置输入需要的文字。选择"选择"工具 ▶，在属性栏中选择合适的字体并设置文字大小，填充文字为白色，效果如图5-94所示。五谷杂粮广告制作完成，效果如图5-95所示。

图5-94

图5-95

茶叶广告设计

茶叶
广告设计1

茶叶
广告设计2

茶叶
广告设计3

5.4.1　案例分析

茶文化在我国有悠久的历史，很多人都有饮茶的习惯。本案例是为某茶叶品牌设计制作广告，要求设计风格清新，能够体现出悠然自得的意境。

5.4.2　设计理念

在设计过程中，使用茶园实景图片作为背景，令人心旷神怡；图片下方的文字搭配制茶、品茶图片，凸显了工艺的地道；白色的袅袅轻烟使画面的过渡更加自然，也引发了人们对悠闲生活的向往（最终效果参看云盘中的"Ch05 > 效果 > 茶叶广告设计 > 茶叶广告.ai"，见图5-96）。

图5-96

5.4.3　操作步骤

Photoshop 应用

1．制作背景图

（1）打开 Photoshop 2020，按 Ctrl+O 组合键，弹出"打开"对话框。选择云盘中的"Ch05 > 素材 > 茶叶广告设计 > 01、02"文件，单击"打开"按钮，打开图片，如图5-97所示。选择"移动"工具 ✛，将"02"图片拖曳到"01"图像窗口中的适当位置，效果如图5-98所示。在"图层"面板中将生成新的图层，将其命名为"茶杯"。

（2）单击"图层"面板下方的"创建新的填充或调整图层"按钮 ◐，在弹出的菜单中选择"色相/饱和度"命令。在"图层"面板中将生成"色相/饱和度1"图层，同时弹出"色相/饱和度"的"属性"面板，单击"此调整影响下面的所有图层"按钮 ，使其显示为"此调整剪切到此图层"按钮 ，其他选项的设置如图 5-99 所示。按 Enter 键确定操作，图像效果如图 5-100 所示。

图 5-97

图 5-98

图 5-99

图 5-100

（3）单击"图层"面板下方的"创建新的填充或调整图层"按钮 ，在弹出的菜单中选择"亮度/对比度"命令。在"图层"面板中将生成"亮度/对比度 1"图层，同时弹出"亮度/对比度"的"属性"面板，单击"此调整影响下面的所有图层"按钮 ，使其显示为"此调整剪切到此图层"按钮 ，其他选项的设置如图 5-101 所示。按 Enter 键确定操作，图像效果如图 5-102 所示。

（4）按 Ctrl+O 组合键，弹出"打开"对话框。选择云盘中的"Ch05 > 素材 > 茶叶广告设计 > 03"文件，单击"打开"按钮，打开图片。选择"移动"工具 ，将图片拖曳到图像窗口中的适当位置，效果如图 5-103 所示。在"图层"面板中将生成新的图层，将其命名为"茶叶"。

图 5-101

图 5-102

图 5-103

（5）按 Shift+Ctrl+E 组合键，合并可见图层。按 Shift+Ctrl+S 组合键，弹出"另存为"对话框，将其命名为"茶叶广告底图"，保存为 JPEG 格式。单击"保存"按钮，弹出"JPEG 选项"对话框，单击"确定"按钮，将图像保存。

Illustrator 应用

2．添加并编辑标题文字

（1）打开 Illustrator 2020，按 Ctrl+N 组合键，弹出"新建文档"对话框。设置文档的宽度为 210 mm，高度为 297 mm，方向为纵向，颜色模式为 CMYK，单击"创建"按钮，新建一个文档。

（2）选择"文件 > 置入"命令，弹出"置入"对话框。选择云盘中的"Ch05 > 效果 > 茶叶广

告设计 > 茶叶广告底图.jpg"文件，单击"置入"按钮，在页面中单击置入图片。单击属性栏中的"嵌入"按钮，嵌入图片。选择"选择"工具 ▶，拖曳图片到适当的位置，效果如图 5-104 所示。按 Ctrl+2 组合键，锁定所选对象。

（3）选择"矩形"工具 ▢，在适当的位置绘制一个矩形，设置描边色为绿色（其 CMYK 值为 88、45、100、0），填充描边，并设置填充色为无，效果如图 5-105 所示。

（4）选择"文字"工具 **T**，在适当的位置输入需要的文字。选择"选择"工具 ▶，在属性栏中选择合适的字体并设置文字大小。设置填充色为绿色（其 CMYK 值为 88、45、100、0），填充文字，效果如图 5-106 所示。

图 5-104

图 5-105

图 5-106

（5）按 Ctrl+T 组合键，弹出"字符"面板，将"设置所选字符的字距调整"选项 **VA** 设置为 630，其他选项的设置如图 5-107 所示。按 Enter 键确定操作，效果如图 5-108 所示。

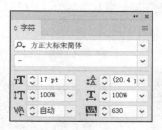

图 5-107

图 5-108

（6）选择"文字"工具 **T**，在文字"觅"右侧单击以插入光标，如图 5-109 所示。选择"文字 > 字形"命令，弹出"字形"面板，设置字体并选择需要的字形，如图 5-110 所示。双击插入字形，效果如图 5-111 所示。

图 5-109

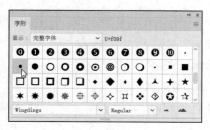

图 5-110

（7）选择"文字"工具 **T**，在适当的位置分别输入需要的文字。选择"选择"工具 ▶，在属性栏中分别选择合适的字体并设置文字大小，效果如图 5-112 所示。

图 5-111　　　　　　　　　　　　　　　　　　图 5-112

（8）选取文字"茶香"，在"字符"面板中，将"设置所选字符的字距调整"选项▨设置为-100，其他选项的设置如图 5-113 所示。按 Enter 键确定操作，效果如图 5-114 所示。

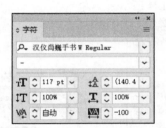

图 5-113　　　　　　　　　　　　　　　　　　图 5-114

（9）选择"文件 > 置入"命令，弹出"置入"对话框。选择云盘中的"Ch05 > 素材 > 茶叶广告设计 > 04"文件，单击"置入"按钮，在页面中单击置入图片，单击属性栏中的"嵌入"按钮，嵌入图片。选择"选择"工具▶，拖曳图片到适当的位置，并调整其大小，效果如图 5-115 所示。连续按 Ctrl+ [组合键，将图片后移至适当的位置，效果如图 5-116 所示。

（10）选择"选择"工具▶，按住 Shift 键的同时，单击上方黑色"茶香"文字将其选取，如图 5-117 所示。按 Ctrl+7 组合键，建立剪切蒙版，效果如图 5-118 所示。

图 5-115　　　　　　图 5-116　　　　　　图 5-117　　　　　　图 5-118

3. 置入并编辑图片

（1）选择"椭圆"工具 ◯ ，按住 Shift 键的同时，在适当的位置绘制一个圆形，设置填充色为深红色（其 CMYK 值为 56、100、100、47），并设置描边色为无，效果如图 5-119 所示。

（2）选择"选择"工具 ▶ ，按住 Alt+Shift 组合键的同时，水平向右拖曳圆形到适当的位置，复制圆形，效果如图 5-120 所示。连续按 Ctrl+D 组合键，按需要复制出多个圆形，效果如图 5-121 所示。

图 5-119　　　　　　　　　　图 5-120　　　　　　　　　　图 5-121

（3）选择"文字"工具 T ，在适当的位置输入需要的文字，选择"选择"工具 ▶ ，在属性栏中选择合适的字体并设置文字大小，填充文字为白色，效果如图 5-122 所示。

（4）在"字符"面板中，将"设置所选字符的字距调整"选项 Ⅷ 设置为 150，其他选项的设置如图 5-123 所示。按 Enter 键确定操作，效果如图 5-124 所示。

图 5-122　　　　　　　　　　图 5-123　　　　　　　　　　图 5-124

（5）用相同的方法制作其他图形和文字，效果如图 5-125 所示。选择"钢笔"工具 ✐ ，在适当的位置绘制一条路径。选择"选择"工具 ▶ ，选取路径，设置描边色为绿色（其 CMYK 值为 88、45、100、0），填充描边，效果如图 5-126 所示。

图 5-125　　　　　　　　　　　　图 5-126

（6）选择"窗口 > 描边"命令，弹出"描边"面板，将"粗细"选项设置为 1 pt，其他选项的设置如图 5-127 所示。按 Enter 键确定操作，效果如图 5-128 所示。

（7）双击"镜像"工具 ▷◁ ，弹出"镜像"对话框，各选项的设置如图 5-129 所示。单击"复制"按钮，镜像并复制图形。选择"选择"工具 ▶ ，按住 Shift 键的同时，水平向右拖曳复制得到的图形到适当的位置，效果如图 5-130 所示。

（8）选择"圆角矩形"工具 ⬭ ，在页面中单击，弹出"圆角矩形"对话框，各选项的设置如图 5-131 所示。单击"确定"按钮，将生成一个圆角矩形。选择"选择"工具 ▶ ，拖曳圆角矩形到适当的位置，效果如图 5-132 所示。

图 5-127

图 5-128

图 5-129

图 5-130

图 5-131

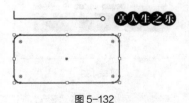

图 5-132

（9）选择"选择"工具 ▶，按住 Alt+Shift 组合键的同时，水平向右拖曳圆角矩形到适当的位置，复制圆角矩形，效果如图 5-133 所示。按 Ctrl+D 组合键，再复制出一个圆角矩形，效果如图 5-134 所示。

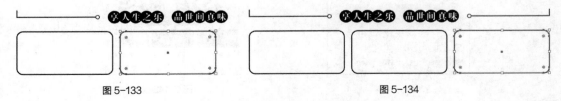

图 5-133

图 5-134

（10）选择"文件 > 置入"命令，弹出"置入"对话框。选择云盘中的"Ch05 > 素材 > 茶叶广告设计 > 05"文件，单击"置入"按钮，在页面中单击置入图片。单击属性栏中的"嵌入"按钮，嵌入图片。选择"选择"工具 ▶，拖曳图片到适当的位置，并调整其大小，效果如图 5-135 所示。连续按 Ctrl+ [组合键，将图片后移至适当的位置，效果如图 5-136 所示。

图 5-135

图 5-136

（11）选择"选择"工具 ▶，按住 Shift 键的同时，单击最左侧的圆角矩形将其选取，如图 5-137 所示。按 Ctrl+7 组合键，建立剪切蒙版，效果如图 5-138 所示。

图 5-137

图 5-138

（12）用相同的方法置入"06""07"图片并制作图 5-139 所示的剪切蒙版效果。选择"文字"工具 T，在适当的位置输入需要的文字。选择"选择"工具 ▶，在属性栏中选择合适的字体并设置文字大小，效果如图 5-140 所示。

图 5-139

图 5-140

（13）在"字符"面板中，将"设置所选字符的字距调整"选项 ⅤⱯ 设置为 950，其他选项的设置如图 5-141 所示。按 Enter 键确定操作，效果如图 5-142 所示。

图 5-141

图 5-142

（14）选择"文字"工具 $\boxed{T}$，在适当的位置拖曳出一个带有选中文本的文本框，输入需要的文字。选择"选择"工具 ▶，在属性栏中选择合适的字体并设置文字大小，效果如图 5-143 所示。

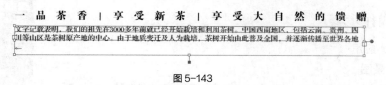

图 5-143

（15）在"字符"面板中，将"设置行距"选项 $\underset{A}{\overset{A}{\updownarrow}}$ 设置为 14 pt，其他选项的设置如图 5-144 所示。按 Enter 键确定操作，效果如图 5-145 所示。

图 5-144

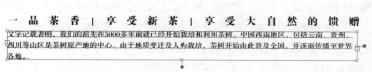

图 5-145

（16）按 Alt+Ctrl+T 组合键，弹出"段落"面板，将"首行左缩进"选项 设置为 18 pt，其他选项的设置如图 5-146 所示。按 Enter 键确定操作，效果如图 5-147 所示。茶叶广告制作完成，效果如图 5-148 所示。

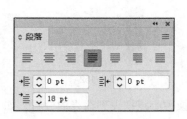

图 5-146

图 5-147

图 5-148

5.5 店庆广告设计

店庆
广告设计1

店庆
广告设计2

店庆
广告设计3

5.5.1 案例分析

本案例是为某商场店庆设计制作广告，要求设计重点展示活动时间、打折品牌、优惠力度等信息。

5.5.2 设计理念

在设计过程中，以红包的形式展示主题，突出店庆优惠；以金色烘托热闹的氛围；活动详情以分栏的形式呈现，条目清晰，令顾客一目了然（最终效果参看云盘中的"Ch05 > 效果 > 店庆广告设计 > 店庆广告.ai"，见图5-149）。

图5-149

5.5.3　操作步骤

Photoshop 应用

1. 制作背景图

（1）打开 Photoshop 2020，按 Ctrl+N 组合键，弹出"新建文档"对话框。设置宽度为21.6厘米，高度为29.1厘米，分辨率为150像素/英寸，颜色模式为 RGB，背景内容为浅黄色（其 RGB 值为255、237、210），单击"创建"按钮，新建一个文档。

（2）选择"视图 > 新建参考线版面"命令，弹出"新建参考线版面"对话框，各选项的设置如图5-150所示。单击"确定"按钮，完成版面参考线的创建，效果如图5-151所示。

（3）选择"钢笔"工具，在属性栏的"选择工具模式"选项中选择"形状"，将"填充"颜色设置为浅肤色（其 RGB 值为245、211、187），"描边"颜色设置为无，在图像窗口中绘制形状，效果如图5-152所示。在"图层"面板中将生成新的形状图层"形状1"。

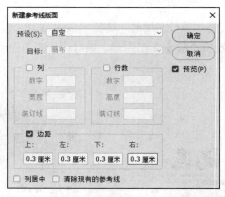

图5-150

图5-151

图5-152

（4）按 Ctrl+Alt+T 组合键，图像周围将出现变换框，将变换中心点拖曳到适当的位置，如图5-153所示。将鼠标指针放在变换框的控制手柄外，光标变为形状，拖曳鼠标将图像旋转到适当的角度，按 Enter 键确定操作，效果如图5-154所示。连续按 Ctrl+Shift+Alt+T 组合键，按需要旋转并复制多个图形，效果如图5-155所示。

图5-153

图5-154

图5-155

（5）选择"钢笔"工具，在图像窗口中绘制形状，在属性栏中将"填充"颜色设置为浅棕色

（其 RGB 值为 235、177、124），"描边"颜色设置为无，效果如图 5-156 所示。在"图层"面板中将生成新的形状图层"形状 2"。

（6）在属性栏中单击"路径操作"按钮，在弹出的菜单中选择"排除重叠形状"命令，如图 5-157 所示。使用"钢笔"工具，在图像窗口中适当的位置绘制多个图形，效果如图 5-158 所示。

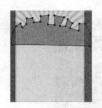 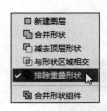 

| 图 5-156 | 图 5-157 | 图 5-158 |

（7）选择"椭圆"工具，在属性栏的"选择工具模式"选项中选择"形状"，按住 Shift 键的同时，在图像窗口中绘制一个圆形，在属性栏中将"填充"颜色设置为肤色（其 RGB 值为 246、212、171），"描边"颜色设置为无，效果如图 5-159 所示。在"图层"面板中将生成新的形状图层"椭圆 1"。

（8）选择"路径选择"工具，按住 Alt 键的同时，拖曳圆形到适当的位置，复制圆形，效果如图 5-160 所示。再次复制多个圆形到适当的位置，效果如图 5-161 所示。用相同的方法再制作一组浅肤色（其 RGB 值为 250、233、209）圆形，效果如图 5-162 所示。

| 图 5-159 | 图 5-160 | 图 5-161 | 图 5-162 |

（9）按 Ctrl+O 组合键，弹出"打开"对话框。选择云盘中的"Ch05 > 素材 > 店庆广告设计 > 01"文件，单击"打开"按钮，打开图片。选择"移动"工具，将图片拖曳到新建的图像窗口中适当的位置，效果如图 5-163 所示。在"图层"面板中将生成新的图层，将其命名为"红包"。

（10）选择"钢笔"工具，在属性栏中将"填充"颜色设置为红色（其 RGB 值为 206、57、51），"描边"颜色设置为无，在图像窗口中绘制形状，效果如图 5-164 所示。在"图层"面板中将生成新的形状图层"形状 3"。用相同的方法在左下角绘制深红色（其 RGB 值为 172、42、37）形状，效果如图 5-165 所示。

| 图 5-163 | 图 5-164 | 图 5-165 |

（11）按 Ctrl+Alt+T 组合键，图像周围将出现变换框，在变换框中单击鼠标右键，在弹出的快捷菜单中选择"水平翻转"命令，水平翻转图像。按住 Shift 键的同时，水平向右拖曳翻转得到的图像到适当的位置，按 Enter 键确定操作，效果如图 5-166 所示。店庆广告底图制作完成，效果如图 5-167 所示。

图 5-166　　　　　　　　　　　　　　　　　　图 5-167

（12）按 Shift+Ctrl+E 组合键，合并可见图层。按 Ctrl+S 组合键，弹出"另存为"对话框，将其命名为"店庆广告底图"，保存为 JPEG 格式。单击"保存"按钮，弹出"JPEG 选项"对话框，单击"确定"按钮，将图像保存。

Illustrator 应用

2．添加宣传语

（1）打开 Illustrator 2020，按 Ctrl+N 组合键，弹出"新建文档"对话框。设置文档的宽度为 210 mm，高度为 285 mm，取向为纵向，出血为 3 mm，颜色模式为 CMYK，单击"创建"按钮，新建一个文档。

（2）选择"文件 > 置入"命令，弹出"置入"对话框。选择云盘中的"Ch05 > 效果 > 店庆广告设计 > 店庆广告底图.jpg"文件，单击"置入"按钮，在页面中单击置入图片。单击属性栏中的"嵌入"按钮，嵌入图片。选择"选择"工具 ▶，拖曳图片到适当的位置，效果如图 5-168 所示。按 Ctrl+2 组合键，锁定所选对象。

（3）选择"文字"工具 **T**，在页面中输入需要的文字。选择"选择"工具 ▶，在属性栏中选择合适的字体并设置文字大小，填充文字为白色，效果如图 5-169 所示。

（4）按 Ctrl+T 组合键，弹出"字符"面板，将"设置行距"选项 ⓐ 设置为 64 pt，其他选项的设置如图 5-170 所示。按 Enter 键确定操作，效果如图 5-171 所示。

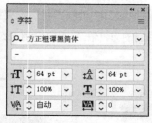

图 5-168　　　　图 5-169　　　　　　　图 5-170　　　　　　　　图 5-171

（5）选择"文字"工具 **T**，选取文字"惊喜好礼送"，在属性栏中设置文字大小，效果如图 5-172 所示。选取文字"惊喜好礼"，设置填充色为橙黄色（其 CMYK 值为 8、22、77、0），填充文字，效果如图 5-173 所示。

图 5-172

图 5-173

（6）选择"文字"工具 T，在文字"好"左侧单击以插入光标，如图 5-174 所示。按 Alt+Ctrl+T 组合键，弹出"段落"面板，将"左缩进"选项 设置为 90 pt，其他选项的设置如图 5-175 所示。按 Enter 键确定操作，效果如图 5-176 所示。

图 5-174

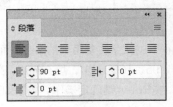

图 5-175

图 5-176

（7）双击"倾斜"工具 ，弹出"倾斜"对话框，各选项的设置如图 5-177 所示。单击"确定"按钮，倾斜文字，效果如图 5-178 所示。

图 5-177

图 5-178

（8）选择"窗口 > 变换"命令，弹出"变换"面板，将"旋转"选项设置为 6°，如图 5-179 所示。按 Enter 键确定操作，效果如图 5-180 所示。按 Ctrl+C 组合键，复制文字（此文字作为备用）。

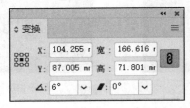

图 5-179

图 5-180

（9）选择"效果 > 风格化 > 投影"命令，在弹出的"投影"对话框中进行设置，如图 5-181

所示。单击"确定"按钮，效果如图 5-182 所示。

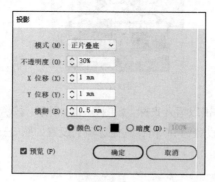

图 5-181 图 5-182

（10）按 Ctrl+B 组合键，将复制得到的文字（备用）粘贴在后面。设置文字填充色为无，并设置描边色为暗红色（其 CMYK 值为 37、95、100、3），填充描边，效果如图 5-183 所示。在属性栏中将"描边粗细"选项设置为 16 pt，按 Enter 键确定操作，效果如图 5-184 所示。

图 5-183 图 5-184

（11）选择"文件 > 置入"命令，弹出"置入"对话框。选择云盘中的"Ch05 > 素材 > 店庆广告设计 > 02"文件，单击"置入"按钮，在页面中单击置入图片，单击属性栏中的"嵌入"按钮，嵌入图片。选择"选择"工具 ▶，拖曳图片到适当的位置，效果如图 5-185 所示。

（12）选择"文字"工具 T，在适当的位置输入需要的文字。选择"选择"工具 ▶，在属性栏中选择合适的字体并设置文字大小，效果如图 5-186 所示。在属性栏中单击"居中对齐"按钮 ≡，微调文字到适当的位置，效果如图 5-187 所示。

图 5-185 图 5-186 图 5-187

（13）保持文字处于选取状态。设置填充色为暗红色（其 CMYK 值为 37、95、100、3），填充文字，效果如图 5-188 所示。选择"文字"工具 T，选取文字"活动时间"，在属性栏中设置文字大小，效果如图 5-189 所示。

（14）选择"选择"工具 ，选取文字，拖曳文字右上角的控制手柄，旋转文字到适当的位置，效果如图 5-190 所示。

图 5-188

图 5-189

图 5-190

3．添加活动详情

（1）选择"文字"工具 T，在适当的位置输入需要的文字。选择"选择"工具 ▶，在属性栏中选择合适的字体并设置文字大小。单击"左对齐"按钮 ≡，微调文字到适当的位置，效果如图 5-191 所示。设置填充色为橙黄色（其 CMYK 值为 8、22、77、0），填充文字，效果如图 5-192 所示。

图 5-191

图 5-192

（2）选择"直线段"工具 ／，按住 Shift 键的同时，在适当的位置绘制一条直线段，如图 5-193 所示，设置描边色为深红色（其 CMYK 值为 45、97、100、14），填充描边，效果如图 5-194 所示。

图 5-193

图 5-194

（3）选择"椭圆"工具 ◯，按住 Shift 键的同时，在适当的位置绘制一个圆形，设置填充色为深红色（其 CMYK 值为 45、97、100、14），并设置描边色为无，效果如图 5-195 所示。

（4）选择"选择"工具 ▶，按住 Alt+Shift 组合键的同时，水平向右拖曳圆形到适当的位置，复制圆形，效果如图 5-196 所示。连续按 Ctrl+D 组合键，复制出多个圆形，效果如图 5-197 所示。

图 5-195

图 5-196

图 5-197

（5）选择"钢笔"工具 ✐，在适当的位置绘制一个不规则图形，如图5-198所示。设置填充色为土黄色（其CMYK值为4、68、91、0），填充图形，并设置描边色为无，效果如图5-199所示。

（6）选择"文字"工具 T，在适当的位置输入需要的文字。选择"选择"工具 ▶，在属性栏中选择合适的字体并设置文字大小，填充文字为白色，效果如图5-200所示。

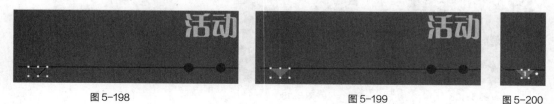

图5-198 　　　　　　　　　　　　　　　　图5-199 　　　　　　　　图5-200

（7）选择"文字"工具 T，在适当的位置输入需要的文字。选择"选择"工具 ▶，在属性栏中选择合适的字体并设置文字大小，效果如图5-201所示。在属性栏中单击"居中对齐"按钮 ≡，微调文字到适当的位置，效果如图5-202所示。

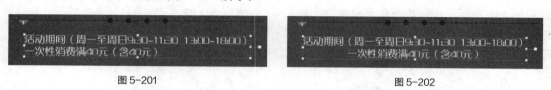

图5-201 　　　　　　　　　　　　　　　　图5-202

（8）在"字符"面板中，将"设置行距"选项 🔠 设置为24 pt，其他选项的设置如图5-203所示。按Enter键确定操作，效果如图5-204所示。

图5-203 　　　　　　　　　　　　图5-204

（9）选择"文字"工具 T，在适当的位置输入需要的文字。选择"选择"工具 ▶，在属性栏中选择合适的字体并设置文字大小。单击"左对齐"按钮 ≡，微调文字到适当的位置，填充文字为白色，效果如图5-205所示。选择"文字"工具 T，选取文字"送"，在属性栏中设置文字大小，效果如图5-206所示。

图5-205 　　　　　　　　　　　　图5-206

（10）保持文字处于选取状态。设置填充色为橙黄色（其CMYK值为8、22、77、0），填充文字，效果如图 5-207 所示。选取数字"5"，在属性栏中选择合适的字体并设置文字大小，效果如图 5-208 所示。

图 5-207   图 5-208

（11）选择"椭圆"工具 ⬭，按住 Shift 键的同时，在适当的位置绘制一个圆形，如图 5-209 所示。设置描边色为橙黄色（其 CMYK 值为 8、22、77、0），填充描边，效果如图 5-210 所示。

图 5-209   图 5-210

（12）选择"钢笔"工具 ✎，在适当的位置绘制一个不规则图形，设置填充色为橙黄色（其 CMYK 值为 8、22、77、0），填充图形，并设置描边色为无，效果如图 5-211 所示。

（13）选择"选择"工具 ▶，按住 Alt+Shift 组合键的同时，水平向左拖曳图形到适当的位置，复制图形，效果如图 5-212 所示。

图 5-211   图 5-212

（14）按住 Shift 键的同时，拖曳左下角的控制手柄到适当的位置，等比例缩小图形，效果如图 5-213 所示。用框选的方法将绘制的图形同时选取，按 Ctrl+G 组合键将其编组，效果如图 5-214 所示。

图 5-213   图 5-214

（15）选择"选择"工具 ▶，按住 Alt 键的同时，向右拖曳编组图形到适当的位置，复制图形，效果如图 5-215 所示。在"变换"面板中，将"旋转"选项设置为 180°，如图 5-216 所示。按 Enter 键确定操作，效果如图 5-217 所示。

图 5-215　　　　　　　　　　　　　图 5-216　　　　　　　图 5-217

（16）用相同的方法制作其他图形和文字，效果如图 5-218 所示。选择"文字"工具 T，在适当的位置输入需要的文字。选择"选择"工具 ▶，在属性栏中选择合适的字体并设置文字大小，填充文字为白色，效果如图 5-219 所示。

图 5-218　　　　　　　　　　　　　　　　图 5-219

（17）选择"椭圆"工具 ○，按住 Shift 键的同时，在适当的位置绘制一个圆形，设置填充色为橙黄色（其 CMYK 值为 8、22、77、0），填充图形，并设置描边色为无，效果如图 5-220 所示。

（18）选择"窗口 > 符号库 > 箭头"命令，在弹出的面板中选取需要的符号，如图 5-221 所示。选择"选择"工具 ▶，拖曳符号到页面中适当的位置，并调整其大小，效果如图 5-222 所示。

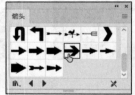

图 5-220　　　　　　　　　图 5-221　　　　　　　　图 5-222

（19）在属性栏中单击"断开链接"按钮，断开符号链接，效果如图 5-223 所示。按 Shift+Ctrl+G 组合键，取消符号编组。选中多余的矩形框，如图 5-224 所示，按 Dletete 键将其删除。

图 5-223　　　　　　　　　　　　图 5-224

（20）选取箭头图形，设置填充色为暗红色（其 CMYK 值为 24、90、84、0），填充图形，效果如图 5-225 所示。店庆广告制作完成，效果如图 5-226 所示。

图 5-225

图 5-226

宠物食品
广告设计 1

宠物食品
广告设计 2

5.6　宠物食品广告设计

5.6.1　案例分析

本案例是为某宠物食品公司生产的狗粮设计制作广告，要求设计综合运用图片和文字，突出食品丰富的营养成分和优良的品质。

5.6.2　设计理念

在设计过程中，通过可爱的小狗和狗粮的图片点明宣传主题；通过弧形的文字搭配狗爪印元素，提升了画面的趣味性；在画面左下角以简洁的文字说明产品选料精良、营养丰富（最终效果参看云盘中的"Ch05 > 效果 > 宠物食品广告设计 > 宠物食品广告.ai"，见图 5-227）。

图 5-227

5.6.3　操作步骤

Photoshop 应用

1.　制作背景图

（1）打开 Photoshop 2020，按 Ctrl+O 组合键，弹出"打开"对话框。选择云盘中的"Ch05 > 素材 > 宠物食品广告设计 > 01"文件，单击"打开"按钮，打开图片，如图 5-228 所示。

（2）选择"椭圆"工具　，在属性栏中将"填充"颜色设置为红色（其 RGB 值为 255、0、0），"描边"颜色设置为无，按住 Shift 键的同时，在图像窗口中绘制一个圆形，如图 5-229 所示。在"图层"面板中将生成新的形状图层"椭圆 1"。

（3）按 Ctrl+J 组合键，复制"椭圆 1"图层，生成新的图层"椭圆 1 拷贝"。按 Ctrl+T 组合键，图像周围将出现变换框，按住 Alt 键的同时，拖曳右上角的控制手柄等比例缩小圆像，按 Enter 键确认操作。在属性栏中将"填充"颜色设置为深红色（其 RGB 值为 231、33、33），效果如图 5-230 所示。

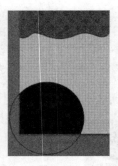

图 5-228   图 5-229   图 5-230

（4）按 Ctrl+O 组合键，弹出"打开"对话框。选择云盘中的"Ch05 > 素材 > 宠物食品广告设计 > 02"文件，单击"打开"按钮，打开图片。选择"移动"工具 ⊕，将图片拖曳到图像窗口中的适当位置，效果如图 5-231 所示。在"图层"面板中将生成新的图层，将其命名为"粮食"。按 Alt+Ctrl+G 组合键，为"粮食"图层创建剪贴蒙版，图像效果如图 5-232 所示。

图 5-231   图 5-232

（5）新建图层组并将其命名为"文字"。将前景色设置为浅棕色（其 RGB 值为 96、46、0）。选择"横排文字"工具 T，在适当的位置输入需要的文字并选取文字，在属性栏中选择合适的字体并设置文字大小，效果如图 5-233 所示。在"图层"面板中将生成新的文字图层。

（6）选取需要的文字，按 Ctrl+T 组合键，弹出"字符"面板，将"设置所选字符的字距调整"选项 🔲 设置为-35，其他选项的设置如图 5-234 所示。按 Enter 键确定操作，效果如图 5-235 所示。

图 5-233   图 5-234   图 5-235

（7）单击属性栏中的"创建文字变形"按钮 工，在弹出的对话框中进行设置，如图 5-236 所示。单击"确定"按钮，效果如图 5-237 所示。

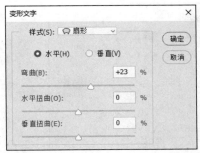

图 5-236

图 5-237

（8）单击"图层"面板下方的"添加图层样式"按钮 fx，在弹出的菜单中选择"斜面和浮雕"命令，在弹出的对话框中进行设置，如图 5-238 所示，图像效果如图 5-239 所示。

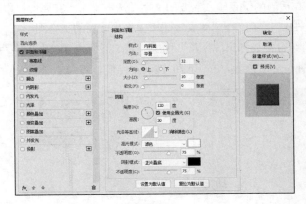

图 5-238

图 5-239

（9）选择"渐变叠加"选项，单击"点按可编辑渐变"按钮 ，弹出"渐变编辑器"窗口，在"位置"选项中分别输入 47、100 两个位置点，分别设置两个位置点颜色的 RGB 值为 47（96、46、0），100（177、85、0），如图 5-240 所示。单击"确定"按钮，返回"图层样式"对话框，其他选项的设置如图 5-241 所示，图像效果如图 5-242 所示。

图 5-240

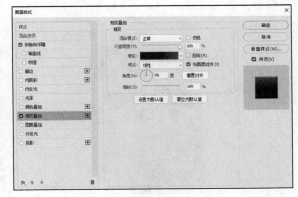

图 5-241

（10）选择"投影"选项，如图 5-243 所示，单击"确定"按钮，图像效果如图 5-244 所示。

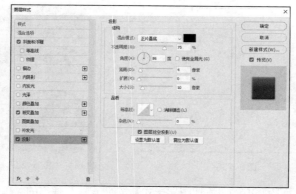

图 5-242 　　　　　　　　　　　　　图 5-243 　　　　　　　　　　　　　图 5-244

（11）选择"横排文字"工具 **T.**，在适当的位置输入需要的文字并选取文字，在属性栏中选择合适的字体并设置文字大小，效果如图 5-245 所示。在"图层"面板中将生成新的文字图层。

（12）选取需要的文字，按 Ctrl+T 组合键，弹出"字符"面板，将"设置所选字符的字距调整"选项 **VA** 设置为 25，其他选项的设置如图 5-246 所示。按 Enter 键确定操作，效果如图 5-247 所示。

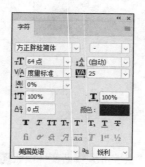

图 5-245 　　　　　　　　　　　　　图 5-246 　　　　　　　　　　　　　图 5-247

（13）选择"横排文字"工具 **T.**，分别选取英文"T"和"X"，在属性栏中设置文字大小，效果如图 5-248 所示。在"天欣狗粮"文字图层上单击鼠标右键，在弹出的快捷菜单中选择"拷贝图层样式"命令。在"TianXin"文字图层上单击鼠标右键，在弹出的快捷菜单中选择"粘贴图层样式"命令，效果如图 5-249 所示。

图 5-248 　　　　　　　　　　　　　图 5-249

（14）按 Ctrl+O 组合键，弹出"打开"对话框。选择云盘中的"Ch05 > 素材 > 宠物食品广告

设计 > 03"文件，单击"打开"按钮，打开图片。选择"移动"工具 ⊕，将图片拖曳到图像窗口中的适当位置，效果如图 5-250 所示。在"图层"面板中将生成新的图层，将其命名为"爪印"。在"爪印"图层上单击鼠标右键，在弹出的快捷菜单中选择"粘贴图层样式"命令，效果如图 5-251 所示。

（15）选择"移动"工具 ⊕，按住 Alt+Shift 组合键的同时，水平向右拖曳图片到适当的位置，复制图片。按 Ctrl+T 组合键，图像周围将出现变换框，单击鼠标右键，在弹出的快捷菜单中选择"水平翻转"命令，水平翻转图像。按 Enter 键确定操作，效果如图 5-252 所示。

图 5-250

图 5-251

图 5-252

（16）单击"文字"图层组左侧的 ∨ 图标，将"文字"图层组中的图层隐藏。按 Ctrl+O 组合键，弹出"打开"对话框，选择云盘中的"Ch05 > 素材 > 宠物食品广告设计 > 04"文件，单击"打开"按钮，打开图片。选择"移动"工具 ⊕，将图片拖曳到图像窗口中的适当位置，效果如图 5-253 所示。在"图层"面板中将生成新的图层，将其命名为"商标"。宠物食品广告底图制作完成，效果如图 5-254 所示。

图 5-253

图 5-254

（17）按 Shift+Ctrl+E 组合键，合并可见图层。按 Shift+Ctrl+S 组合键，弹出"另存为"对话框，将其命名为"宠物食品广告底图"，保存为 JPEG 格式。单击"保存"按钮，弹出"JPEG 选项"对话框，单击"确定"按钮，将图像保存。

Illustrator 应用

2．添加并编辑标题文字

（1）打开 Illustrator 2020，按 Ctrl+N 组合键，弹出"新建文档"对话框。设置文档的宽度为 210 mm，高度为 297 mm，方向为纵向，颜色模式为 CMYK，单击"创建"按钮，新建一个文档。

（2）选择"文件 > 置入"命令，弹出"置入"对话框。选择云盘中的"Ch05 > 效果 > 宠物食品广告设计 > 宠物食品广告底图.jpg"文件，单击"置入"按钮，在页面中单击置入图片。单击属性栏中的"嵌入"按钮，嵌入图片。选择"选择"工具 ▶，拖曳图片到适当的位置，效果如图 5-255 所示。按 Ctrl+2 组合键，锁定所选对象。

（3）选择"椭圆"工具 ◯，按住 Shift 键的同时，在适当的位置绘制一个圆形，填充图形为白色，并设置描边色为红色（其 CMYK 值为 0、100、100、0），填充描边。在属性栏中将"描边粗细"选项设置为 12 pt，按 Enter 键确定操作，效果如图 5-256 所示。

图 5-255

图 5-256

（4）选择"对象 > 变换 > 缩放"命令，弹出"比例缩放"对话框，各选项的设置如图 5-257 所示。单击"复制"按钮，缩放并复制图形，效果如图 5-258 所示。

（5）保持图形处于选取状态。设置填充色为无，在属性栏中将"描边粗细"选项设置为 1 pt，按 Enter 键确定操作，效果如图 5-259 所示。

图 5-257

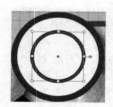

图 5-258

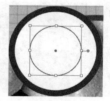

图 5-259

（6）选择"剪刀"工具 ✂，分别在圆形左右两个锚点上单击，剪断路径，效果如图 5-260 所示。选择"选择"工具 ▶，选取上方路径，如图 5-261 所示。

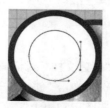

图 5-260

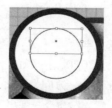

图 5-261

（7）选择"路径文字"工具 ✓，在选中的路径上单击，如图 5-262 所示，将生成一个带有选中文本的文本区域，在其中输入需要的文字。选择"选择"工具 ▶，在属性栏中选择合适的字体并设置适当的文字大小，效果如图 5-263 所示。设置填充色为红色（其 CMYK 值为 0、100、100、0），填充文字，效果如图 5-264 所示。

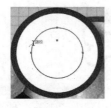

图 5-262　　　　　　　　图 5-263　　　　　　　　图 5-264

（8）按 Ctrl+T 组合键，弹出"字符"面板，将"设置所选字符的字距调整"选项 ⅤⒶ 设置为 100，其他选项的设置如图 5-265 所示。按 Enter 键确定操作，效果如图 5-266 所示。用相同的方法制作其他路径文字，效果如图 5-267 所示。

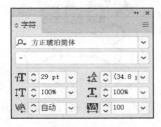

图 5-265　　　　　　　　图 5-266　　　　　　　　图 5-267

（9）选择"钢笔"工具，在适当的位置绘制一个不规则图形，设置描边色为深棕色（其 CMYK 值为 64、84、100、55），填充图形，并设置描边色为无，效果如图 5-268 所示。

（10）选择"圆角矩形"工具，在页面中单击，弹出"圆角矩形"对话框，各选项的设置如图 5-269 所示，单击"确定"按钮，将生成一个圆角矩形。选择"选择"工具，拖曳圆角矩形到适当的位置，设置填充色为深棕色（其 CMYK 值为 64、84、100、55），并设置描边色为无，效果如图 5-270 所示。

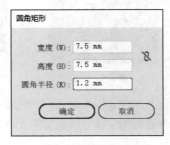

图 5-268　　　　　　　　图 5-269　　　　　　　　图 5-270

（11）选择"选择"工具，按住 Alt+Shift 组合键的同时，水平向右拖曳圆角矩形到适当的位置，复制圆角矩形，效果如图 5-271 所示。按 Ctrl+D 组合键，再复制出一个圆角矩形，效果如图 5-272 所示。

（12）选择"文字"工具，在适当的位置输入需要的文字。选择"选择"工具，在属性栏中选择合适的字体并设置文字大小，填充文字为白色，效果如图 5-273 所示。

图 5-271

图 5-272

（13）在"字符"面板中，将"设置所选字符的字距调整"选项 VA 设置为 700，其他选项的设置如图 5-274 所示。按 Enter 键确定操作，效果如图 5-275 所示。

图 5-273

图 5-274

图 5-275

（14）选择"选择"工具 ▶，用框选的方法将输入的文字同时选取，按 Ctrl+G 组合键将其编组，如图 5-276 所示。拖曳右上角的控制手柄将其旋转到适当的角度，效果如图 5-277 所示。

（15）选择"矩形"工具 ▢，在适当的位置绘制一个矩形，设置填充色为棕色（其 CMYK 值为 59、82、100、43），并设置描边色为无，效果如图 5-278 所示。

图 5-276

图 5-277

图 5-278

（16）选择"文字"工具 T，在适当的位置拖曳出一个带有选中文本的文本框，输入需要的文字。选择"选择"工具 ▶，在属性栏中选择合适的字体并设置文字大小，填充文字为白色，效果如图 5-279 所示。

（17）在"字符"面板中，将"设置所选字符的字距调整"选项 VA 设置为 200，其他选项的设置如图 5-280 所示。按 Enter 键确定操作，效果如图 5-281 所示。

（18）选择"文字"工具 T，在文字"内"左侧单击以插入光标，如图 5-282 所示。选择"文字 > 字形"命令，弹出"字形"面板，设置字体并选择需要的字形，如图 5-283 所示。双击插入字形，效果如图 5-284 所示。用相同的方法分别在其他文字处插入相同的字形，效果如图 5-285 所示。

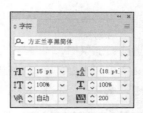

图 5-279   图 5-280   图 5-281

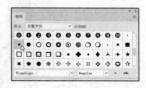

图 5-282   图 5-283

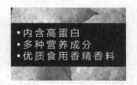

图 5-284   图 5-285

（19）选择"文件 > 置入"命令，弹出"置入"对话框。选择云盘中的"Ch05 > 素材 > 宠物食品广告设计 > 05"文件，单击"置入"按钮，在页面中单击置入图片，单击属性栏中的"嵌入"按钮，嵌入图片。选择"选择"工具 ，拖曳图片到适当的位置，并调整其大小，效果如图 5-286所示。宠物食品广告制作完成，效果如图 5-287 所示。

图 5-286   图 5-287

5.7   课堂练习——牙膏广告设计

牙膏广告设计 1   牙膏广告设计 2

5.7.1   案例分析

本案例是为某口腔护理品牌推出的新系列牙膏设计制作广告，要求设计突出产品的清爽特色。

5.7.2　设计理念

在设计过程中，采用蓝色的背景营造清爽的氛围，同时与产品的色调贴合；以四溅的水花为画面带来动感，增强视觉冲击力；以宣传文字搭配飞旋的音符，突出产品愉悦的使用感，激发顾客购买的欲望（最终效果参看云盘中的"Ch05 > 效果 > 牙膏广告设计 > 牙膏广告.ai"，见图 5-288）。

图 5-288

5.8　课后习题——旅游广告设计

旅游广告设计1　　　旅游广告设计2

5.8.1　案例分析

本案例是为某旅行服务平台推出的"梦回大唐"旅行活动设计制作广告，要求设计风格大气，紧密结合此次的旅游线路进行宣传。

5.8.2　设计理念

在设计过程中，以整幅西安古建筑夜景图片作为背景，气势磅礴，令宣传主题不言而喻；挥洒自如的书法体文字是点睛之笔，搭配线路简介，令人神往（最终效果参看云盘中的"Ch05 > 效果 > 旅游广告设计 > 旅游广告.ai"，见图 5-289）。

图 5-289

06

第 6 章

网络广告

网络广告是企业或个人通过互联网发布商品信息或推广活动信息等的广告形式，也称为互联网广告。网络广告制作成本较低，更新方便，形式丰富，应用十分广泛。通过本章的学习，读者可以熟悉网络广告的设计思路，掌握网络广告的制作方法和技巧。

课堂学习目标

● 了解网络广告的表现形式
● 了解网络广告设计中的注意事项
● 掌握网络广告的设计方法和制作技巧

素养目标

● 培养对新媒体技术的关注
● 加强维护网络健康环境的责任感

6.1 # 网络广告概述

6.1.1　网络广告的表现形式

1. 旗帜广告

旗帜广告是网络媒体在其网站的页面中分割出一定大小、形似旗帜的空间内发布的广告。旗帜广告允许客户用简练的语言和图片宣传企业形象或介绍企业的商品。旗帜广告一般采用网址链接技术，单击广告可直接进入广告信息页面。随着技术的进步，旗帜广告在表现形式上经历了由静态向动态的演变历程，如图 6-1 所示。

图 6-1

2. 按钮广告

按钮广告是网络广告最早、也是最常见的表现形式之一。它的显示内容只有公司、品牌、产品的标志，单击按钮可以直接跳转到广告相关页面，如图 6-2 所示。

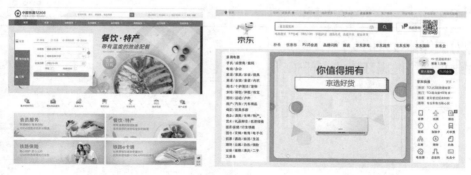

图 6-2

3. 主页广告

主页广告是将企业要发布的信息内容按类别制作成主页，放置在网络服务商的站点或企业自己建立的站点上。这种广告能够更详细地展示宣传内容，如主要产品与技术特点、商品订单、企业营销发展规划、企业联盟、主要经营业绩、年度财务报告、联系办法、售后服务措施等，从而让用户全方位地了解企业的产品和服务，如图 6-3 所示。

图 6-3

4. 分类广告

分类广告与报纸杂志中的分类广告较为相似，是通过一种专门提供广告信息的站点来发布广告，在网络站点中提供了按照企业名录或产品目录等分类检索的深度广告信息，如图 6-4 所示。

图 6-4

5. 文字广告

文字广告采用文字标识的方式，广告内容通常是企业的名称或 Logo，单击后可链接到广告相关页面上。文字广告一般会出现在网站的分类栏目中，其标题显示相关的查询关键词，如图 6-5 所示，所以文字广告也可称为商业服务专栏目录广告。

图 6-5

6．电子邮件广告

电子邮件广告形式是利用网站电子刊物服务中的电子邮件列表，将广告加载到读者所订阅的电子刊物中，发送给相应的用户。

6.1.2　网络广告设计中的注意事项

在网络广告设计中，设计师需要注意以下 4 个方面的问题。

（1）编排设计：编排设计能否反映广告的目的，是否遵守自然的阅读顺序，品牌印象是否突出，内容是否吸引人或容易阅读等。

（2）标题：标题含义是否明确，标题是否承诺了利益点，标题与图片是否相辅相成，标题是否提到产品所能解决的问题，标题是否包含具有新闻价值的消息。

（3）图片：图片的大小是否合适，是否可以示范产品，是否具有良好的视觉效果等。

（4）颜色：颜色是否与广告主题吻合，是否与品牌标志色调和谐等。

6.2　空调扇广告设计

空调扇
广告设计 1

空调扇
广告设计 2

6.2.1　案例分析

本案例是为一家网上购物商城新推出的空调扇设计制作广告，要求设计风格简约，突出产品快速制冷的特色。

6.2.2　设计理念

在设计过程中，采用和产品色调相近的灰色作为背景色；通过简单的家具摆设营造舒适感；飞舞的绿叶使画面更具生机，也凸显了产品的特色；画面中间精练的文字使宣传主题更加鲜明（最终效果参看云盘中的"Ch06 > 效果 > 空调扇广告设计 > 空调扇广告.ai"，见图 6-6）。

图 6-6

6.2.3　操作步骤

Photoshop 应用

1．制作广告底图

（1）打开 Photoshop 2020，按 Ctrl+N 组合键，弹出"新建文档"对话框。设置宽度为 1920 像素，高度为 800 像素，分辨率为 72 像素/英寸，颜色模式为 RGB，背景内容为白色，单击"创建"

按钮，新建一个文档。

（2）按 Ctrl+O 组合键，弹出"打开"对话框。选择云盘中的"Ch06 > 素材 > 空调扇广告设计 > 01、02"文件，单击"打开"按钮，打开图片。选择"移动"工具 ⊕，分别将图片拖曳到新建的图像窗口中适当的位置，效果如图 6-7 所示。在"图层"面板中将分别生成新的图层，将它们命名为"底图"和"空调扇"，如图 6-8 所示。

（3）选择"椭圆"工具 ○，在属性栏的"选择工具模式"选项中选择"形状"，将"填充"颜色设置为深灰色（其 RGB 值为 31、31、31），"描边"颜色设置为无，在图像窗口中绘制一个椭圆，效果如图 6-9 所示。在"图层"面板中将生成新的形状图层，将其命名为"投影"。

图 6-7

图 6-8

图 6-9

（4）选择"滤镜 > 模糊 > 高斯模糊"命令，弹出提示对话框，如图 6-10 所示。单击"转换为智能对象"按钮，弹出"高斯模糊"对话框，各选项的设置如图 6-11 所示。单击"确定"按钮，效果如图 6-12 所示。

图 6-10

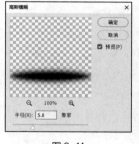
图 6-11

图 6-12

（5）在"图层"面板中，将"投影"图层拖曳到"空调扇"图层的下方，如图 6-13 所示，图像效果如图 6-14 所示。

图 6-13

图 6-14

（6）选择"空调扇"图层。单击"图层"面板下方的"创建新的填充或调整图层"按钮 ◐，在弹出的菜单中选择"色阶"命令。在"图层"面板中将生成"色阶 1"图层，同时弹出"色阶"的"属性"面板，单击"此调整影响下面的所有图层"按钮 ![] ，使其显示为"此调整剪切到此图层"按钮 ![] ，其他选项的设置如图 6-15 所示。按 Enter 键确定操作，图像效果如图 6-16 所示。

（7）按 Ctrl+O 组合键，弹出"打开"对话框。选择云盘中的"Ch06 > 素材 > 空调扇广告设计 > 03"文件，单击"打开"按钮，打开图片。选择"移动"工具 ![]，将图片拖曳到新建的图像窗口中适当的位置，效果如图 6-17 所示。在"图层"面板中将生成新的图层，将其命名为"树叶"。

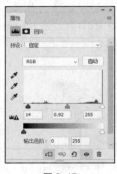

图 6-15　　　　　　　　　图 6-16　　　　　　　　　　　　　　　图 6-17

（8）按 Shift+Ctrl+E 组合键，合并可见图层。按 Ctrl+S 组合键，弹出"另存为"对话框，将其命名为"空调扇广告底图"，保存为 JPEG 格式。单击"保存"按钮，弹出"JPEG 选项"对话框，单击"确定"按钮，将图像保存。

Illustrator　应用

2．添加产品名称和功能介绍

（1）打开 Illustrator 2020，按 Ctrl+N 组合键，弹出"新建文档"对话框。设置文档的宽度为 1920 px，高度为 800 px，取向为横向，颜色模式为 RGB，单击"创建"按钮，新建一个文档。

（2）选择"文件 > 置入"命令，弹出"置入"对话框。选择云盘中的"Ch06 > 效果 > 空调扇广告设计 > 空调扇广告底图.jpg"文件，单击"置入"按钮，在页面中单击置入图片。单击属性栏中的"嵌入"按钮，嵌入图片。选择"选择"工具 ![]，拖曳图片到适当的位置，效果如图 6-18 所示。按 Ctrl+2 组合键，锁定所选对象。

（3）选择"文字"工具 ![T]，在页面中分别输入需要的文字。选择"选择"工具 ![]，在属性栏中分别选择合适的字体并设置文字大小，效果如图 6-19 所示。

图 6-18　　　　　　　　　　　　　　　　　　　图 6-19

（4）选择"文字"工具 ![T]，选取文字"4500W 急速制冷"，在属性栏中选择合适的字体并设置文字大小，效果如图 6-20 所示。

（5）选择"选择"工具 ![]，选取文字，设置填充色为海蓝色（其 RGB 值为 2、112、157），填充文字，效果如图 6-21 所示。

图 6-20

图 6-21

（6）选择"圆角矩形"工具 ▢，在页面中单击，弹出"圆角矩形"对话框，各选项的设置如图 6-22 所示。单击"确定"按钮，将生成一个圆角矩形。选择"选择"工具 ▶，拖曳圆角矩形到适当的位置，设置填充色为红色（其 RGB 值为 246、63、0），并设置描边色为无，效果如图 6-23 所示。

图 6-22

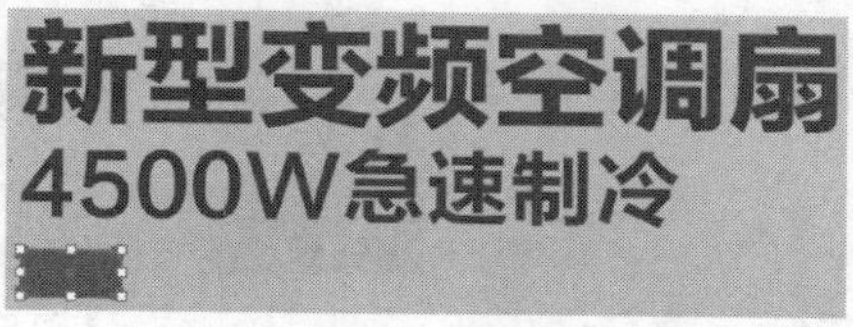

新型变频空调扇
4500W急速制冷

图 6-23

（7）选择"文字"工具 T，在适当的位置输入需要的文字。选择"选择"工具 ▶，在属性栏中选择合适的字体并设置文字大小，填充文字为白色，效果如图 6-24 所示。按住 Shift 键的同时，单击下方圆角矩形将其选取，如图 6-25 所示。

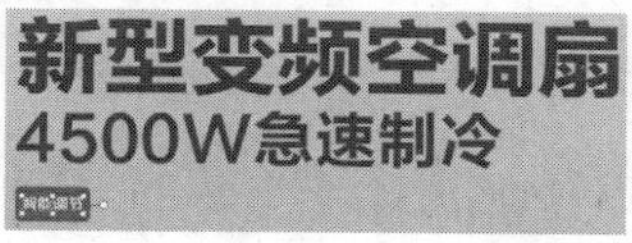

新型变频空调扇
4500W急速制冷

图 6-24

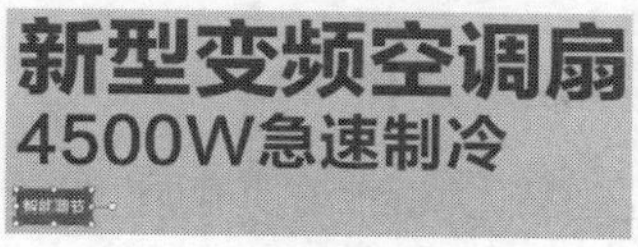

新型变频空调扇
4500W急速制冷

图 6-25

（8）使用"选择"工具 ▶，按住 Alt+Shift 组合键的同时，水平向右拖曳图形和文字到适当的位置，复制图形和文字，效果如图 6-26 所示。连续按 Ctrl+D 组合键两次，复制出两组图形和文字，效果如图 6-27 所示。

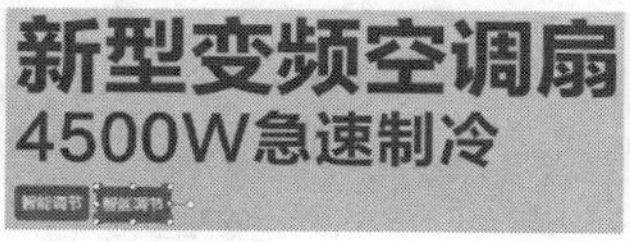

新型变频空调扇
4500W急速制冷

图 6-26

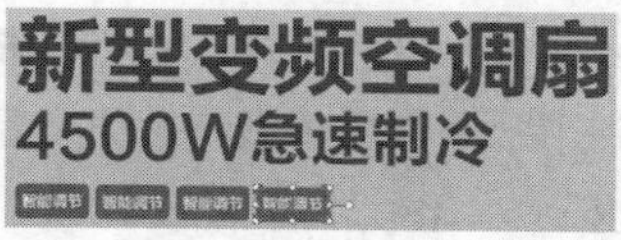

新型变频空调扇
4500W急速制冷

图 6-27

（9）选择"文字"工具 T，选取并重新输入需要的文字，如图 6-28 所示。用相同的方法分别重新输入其他文字，效果如图 6-29 所示。

图 6-28

图 6-29

（10）选择"文字"工具 T，在适当的位置输入需要的文字。选择"选择"工具 ，在属性栏中选择合适的字体并设置文字大小，效果如图 6-30 所示。选择"文字"工具 T，选取数字"599"，在属性栏中选择合适的字体并设置文字大小，效果如图 6-31 所示。

图 6-30

图 6-31

（11）空调扇广告制作完成，效果如图 6-32 所示。

图 6-32

6.3　化妆品广告设计

化妆品
广告设计1

化妆品
广告设计2

6.3.1　案例分析

本案例是为某化妆品牌的防晒乳设计制作广告，要求设计风格清爽，能够贴合产品水感不油腻的特色。

6.3.2　设计理念

在设计过程中，通过海滩背景图片营造轻松的度假氛围，给人愉悦感；通过将产品与海星、贝壳等元素组合摆放，突出产品适合在海滨使用的特性；宣传文字以半透明色块打底，既不影响画面的美观，又起到了强调作用（最终效果参看云盘中的"Ch06 > 效果 > 化妆品广告设计 > 化妆品广告.ai"，见图 6-33）。

图 6-33

6.3.3　操作步骤

Photoshop 应用

1. 制作广告底图

（1）打开 Photoshop 2020，按 Ctrl+O 组合键，弹出"打开"对话框。选择云盘中的"Ch06 > 素材 > 化妆品广告设计 > 01、02"文件，单击"打开"按钮，打开图片，如图 6-34 所示。选择"移动"工具 ，将"02"图片拖曳到"01"图像窗口中适当的位置，效果如图 6-35 所示。在"图层"

面板中将生成新的图层，将其命名为"防晒乳"。

图 6-34

图 6-35

（2）单击"图层"面板下方的"创建新的填充或调整图层"按钮 ，在弹出的菜单中选择"曲线"命令。在"图层"面板中将生成"曲线 1"图层，同时弹出"曲线"的"属性"面板，在曲线上单击以添加控制点，将"输入"选项设置为 68，"输出"选项设置为 70，如图 6-36 所示。在曲线上再次单击以添加控制点，将"输入"选项设置为 111，"输出"选项设置为 144，单击"此调整影响下面的所有图层"按钮 ，使其显示为"此调整剪切到此图层"按钮 ，如图 6-37 所示。按 Enter 键确定操作，图像效果如图 6-38 所示。

图 6-36

图 6-37

图 6-38

（3）单击"图层"面板下方的"创建新的填充或调整图层"按钮 ，在弹出的菜单中选择"色阶"命令。在"图层"面板中将生成"色阶 1"图层，同时弹出"色阶"的"属性"面板，单击"此调整影响下面的所有图层"按钮 ，使其显示为"此调整剪切到此图层"按钮 ，其他选项的设置如图 6-39 所示。按 Enter 键确定操作，图像效果如图 6-40 所示。

图 6-39

图 6-40

（4）按 Ctrl+O 组合键，弹出"打开"对话框。选择云盘中的"Ch06 > 素材 > 化妆品广告设计 > 03、04"文件，单击"打开"按钮，打开图片。选择"移动"工具 ⊕，分别将图片拖曳到图像窗口中适当的位置，效果如图 6-41 所示。在"图层"面板中将分别生成新的图层，将它们命名为"贝壳"和"高光"。

图 6-41

（5）在"图层"面板中，将"高光"图层的混合模式设置为"柔光"，如图 6-42 所示，图像效果如图 6-43 所示。

图 6-42

图 6-43

（6）按 Shift+Ctrl+E 组合键，合并可见图层。按 Ctrl+S 组合键，弹出"另存为"对话框，将其命名为"化妆品广告底图"，保存为 JPEG 格式。单击"保存"按钮，弹出"JPEG 选项"对话框，单击"确定"按钮，将图像保存。

Illustrator 应用

2．添加产品介绍文字

（1）打开 Illustrator 2020，按 Ctrl+N 组合键，弹出"新建文档"对话框。设置文档的宽度为 1920 px，高度为 700 px，取向为横向，颜色模式为 RGB，单击"创建"按钮，新建一个文档。

（2）选择"文件 > 置入"命令，弹出"置入"对话框。选择云盘中的"Ch06 > 效果 > 化妆品广告设计 > 化妆品广告底图.jpg"文件，单击"置入"按钮，在页面中单击置入图片。单击属性栏中的"嵌入"按钮，嵌入图片。选择"选择"工具 ▶，拖曳图片到适当的位置，效果如图 6-44 所示。按 Ctrl+2 组合键，锁定所选对象。

（3）选择"矩形"工具 ▢，在页面中绘制一个矩形，填充为白色，并设置描边色为无，效果如图 6-45 所示。

图 6-44

图 6-45

（4）在属性栏中将"不透明度"选项设置为 50%，按 Enter 键确定操作，效果如图 6-46 所示。选择"文字"工具 T，在页面中分别输入需要的文字。选择"选择"工具 ▶，在属性栏中分别选择合适的字体并设置文字大小，效果如图 6-47 所示。

图 6-46   图 6-47

（5）将输入的文字同时选取，设置填充色为海蓝色（其 RGB 值为 0、96、141），填充文字，效果如图 6-48 所示。选取文字"温碧柔"，按 Ctrl+T 组合键，弹出"字符"面板，将"水平缩放"选项 T 设置为 108%，其他选项的设置如图 6-49 所示。按 Enter 键确定操作，效果如图 6-50 所示。

图 6-48   图 6-49   图 6-50

（6）选择"文字"工具 T，选取文字"防晒乳"，设置填充色为海蓝色（其 RGB 值为 255、102、0），填充文字，效果如图 6-51 所示。

（7）选择"文字"工具 T，在适当的位置分别输入需要的文字。选择"选择"工具 ▶，在属性栏中分别选择合适的字体并设置文字大小，效果如图 6-52 所示。将输入的文字同时选取，设置填充色为海蓝色（其 RGB 值为 0、96、141），填充文字，效果如图 6-53 所示。

图 6-51   图 6-52   图 6-53

（8）选取文字"防晒……无油"，在"字符"面板中，将"设置所选字符的字距调整"选项 VA 设置为 540，其他选项的设置如图 6-54 所示。按 Enter 键确定操作，效果如图 6-55 所示。选择"文字"工具 T，在文字"离"右侧单击以插入光标，如图 6-56 所示。

图 6-54   图 6-55   图 6-56

（9）选择"文字 > 字形"命令，弹出"字形"面板，设置字体并选择需要的字形，如图 6-57 所示。双击插入字形，效果如图 6-58 所示。用相同的方法在适当的位置分别插入相同的字形，效果如图 6-59 所示。

图 6-57

图 6-58

图 6-59

（10）选择"直线段"工具 ，按住 Shift 键的同时，在适当的位置绘制一条直线段，设置描边色为海蓝色（其 RGB 值为 0、96、141），填充描边，效果如图 6-60 所示。

（11）选择"选择"工具 ，按住 Alt+Shift 组合键的同时，垂直向下拖曳直线段到适当的位置，复制直线段，效果如图 6-61 所示。

（12）选择"圆角矩形"工具 ，在页面中单击，弹出"圆角矩形"对话框，各选项的设置如图 6-62 所示。单击"确定"按钮，将生成一个圆角矩形。选择"选择"工具 ，拖曳圆角矩形到适当的位置，设置填充色为黄色（其 RGB 值为 255、191、0），并设置描边色为无，效果如图 6-63 所示。

图 6-60

图 6-61

图 6-62

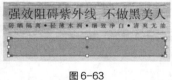
图 6-63

（13）双击"比例缩放"工具 ，弹出"比例缩放"对话框，各选项的设置如图 6-64 所示。单击"复制"按钮，缩放并复制图形，效果如图 6-65 所示。

图 6-64

图 6-65

（14）选择"选择"工具 ，按住 Shift 键的同时，水平向左拖曳复制得到的图形到适当的位置，

效果如图 6-66 所示。设置填充色为海蓝色（其 RGB 值为 0、96、141），填充图形，效果如图 6-67
所示。

图 6-66　　　　　　　　　　　　　　　图 6-67

（15）选择"文字"工具 **T**，在适当的位置输入需要的文字。选择"选择"工具 ▶，在属性栏
中选择合适的字体并设置文字大小，填充文字为白色，效果如图 6-68 所示。

（16）选择"文字"工具 **T**，选取文字"买两瓶赠一瓶"，设置填充色为海蓝色（其 RGB 值为
255、102、0），填充文字，效果如图 6-69 所示。

图 6-68　　　　　　　　　　　　　　　图 6-69

（17）选择"选择"工具 ▶，选取文字，在"字符"面板中，将"设置所选字符的字距调整"选
项 **VA** 设置为 75，其他选项的设置如图 6-70 所示。按 Enter 键确定操作，效果如图 6-71 所示。化妆
品广告制作完成。

图 6-70　　　　　　　　　　　　　　　图 6-71

6.4　女包广告设计

女包
广告设计 1　　女包
广告设计 2

6.4.1　案例分析

本案例是为某服饰销售平台的"双 11"活动设计制作广告，要求设计风格青春洋溢，并突出优惠
力度。

6.4.2　设计理念

在设计过程中，采用撞色的几何色块背景，营造视觉冲击感，给人活力四射的感觉；将重点宣传
产品置于黄色不规则框内，令人印象深刻；在彩色背景上放置白色的活动宣传语，使主题更加醒目（最
终效果参看云盘中的"Ch06 > 效果 > 女包广告设计 > 女包广告.ai"，见图 6-72）。

图 6-72

6.4.3　操作步骤

Photoshop 应用

1．制作广告底图

（1）打开 Photoshop 2020，按 Ctrl+N 组合键，弹出"新建文档"对话框。设置宽度为 750 像素，高度为 200 像素，分辨率为 72 像素/英寸，颜色模式为 RGB，背景内容为白色，单击"创建"按钮，新建一个文档。

（2）按 Ctrl+O 组合键，弹出"打开"对话框。选择云盘中的"Ch06 > 素材 > 女包广告设计 > 01、02"文件，单击"打开"按钮，打开图片。选择"移动"工具 ⊹，分别将图片拖曳到新建图像窗口中适当的位置，效果如图 6-73 所示。在"图层"面板中将分别生成新的图层，将其命名为"底图"和"包 1"。

图 6-73

（3）单击"图层"面板下方的"创建新的填充或调整图层"按钮 ◎，在弹出的菜单中选择"色阶"命令。在"图层"面板中将生成"色阶 1"图层，同时弹出"色阶"的"属性"面板，单击"此调整影响下面的所有图层"按钮 ↵□，使其显示为"此调整剪切到此图层"按钮 ↵□，其他选项的设置如图 6-74 所示。按 Enter 键确定操作，图像效果如图 6-75 所示。

（4）按 Ctrl+O 组合键，弹出"打开"对话框。选择云盘中的"Ch06 > 素材 > 女包广告设计 > 03"文件，单击"打开"按钮，打开图片。选择"移动"工具 ⊹，将图片拖曳到新建的图像窗口中适当的位置，并调整其大小，效果如图 6-76 所示。在"图层"面板中将生成新的图层，将其命名为"包 2"。

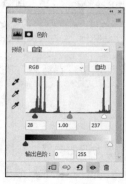

图 6-74

图 6-75

图 6-76

（5）单击"图层"面板下方的"创建新的填充或调整图层"按钮 ，在弹出的菜单中选择"色相/饱和度"命令。在"图层"面板中将生成"色相/饱和度 1"图层，同时弹出"色相/饱和度"的"属性"面板，单击"此调整影响下面的所有图层"按钮 ，使其显示为"此调整剪切到此图层"按钮 ，其他选项的设置如图 6-77 所示。按 Enter 键确定操作，图像效果如图 6-78 所示。

（6）按 Ctrl+O 组合键，弹出"打开"对话框。选择云盘中的"Ch06 > 素材 > 女包广告设计 > 04"文件，单击"打开"按钮，打开图片。选择"移动"工具 ，将图片拖曳到新建的图像窗口中适当的位置，效果如图 6-79 所示。在"图层"面板中将生成新的图层，将其命名为"包 3"。

图 6-77   图 6-78   图 6-79

（7）单击"图层"面板下方的"创建新的填充或调整图层"按钮 ，在弹出的菜单中选择"亮度/对比度"命令。在"图层"面板中将生成"亮度/对比度 1"图层，同时弹出"亮度/对比度"的"属性"面板，单击"此调整影响下面的所有图层"按钮 ，使其显示为"此调整剪切到此图层"按钮 ，其他选项的设置如图 6-80 所示。按 Enter 键确定操作，图像效果如图 6-81 所示。

图 6-80   图 6-81

（8）按 Shift+Ctrl+E 组合键，合并可见图层。按 Ctrl+S 组合键，弹出"另存为"对话框，将其命名为"女包广告底图"，保存为 JPEG 格式。单击"保存"按钮，弹出"JPEG 选项"对话框，单击"确定"按钮，将图像保存。

Illustrator 应用

2. 添加并编辑标题文字

（1）打开 Illustrator 2020，按 Ctrl+N 组合键，弹出"新建文档"对话框。设置文档的宽度为 750 px，高度为 200 px，取向为横向，颜色模式为 RGB，单击"创建"按钮，新建一个文档。

（2）选择"文件 > 置入"命令，弹出"置入"对话框。选择云盘中的"Ch06 > 效果 > 女包广告设计 > 女包广告底图.jpg"文件，单击"置入"按钮，在页面中单击置入图片。单击属性栏中的"嵌入"按钮，嵌入图片。选择"选择"工具 ，拖曳图片到适当的位置，效果如图 6-82 所示。按 Ctrl+2 组合键，锁定所选对象。

图 6-82

（3）选择"文字"工具 **T**，在页面中输入需要的文字。选择"选择"工具，在属性栏中选择合适的字体并设置文字大小，填充文字为白色，效果如图 6-83 所示。

图 6-83

（4）按 Ctrl+T 组合键，弹出"字符"面板，将"水平缩放"选项 **I** 设置为 86%，其他选项的设置如图 6-84 所示。按 Enter 键确定操作，效果如图 6-85 所示。选择"文字 > 创建轮廓"命令，将文字转换为轮廓，效果如图 6-86 所示。

图 6-84

图 6-85

图 6-86

（5）选择"直接选择"工具，在属性栏中将"边角"选项设置为 1 px，按 Enter 键确定操作，效果如图 6-87 所示。选择"删除锚点"工具，将鼠标指针移至不需要的锚点上，如图 6-88 所示，单击以删除锚点，效果如图 6-89 所示。

图 6-87

图 6-88

图 6-89

（6）使用"删除锚点"工具，将鼠标指针移至不需要的锚点上，如图 6-90 所示，单击以删除锚点，效果如图 6-91 所示。用相同的方法分别删除文字锚点，效果如图 6-92 所示。

图 6-90

图 6-91

图 6-92

（7）选择"文字"工具 [T]，在适当的位置输入需要的文字。选择"选择"工具 [▶]，在属性栏中选择合适的字体并设置文字大小，填充文字为白色，效果如图 6-93 所示。

（8）选择"圆角矩形"工具 [◻]，在页面中单击，弹出"圆角矩形"对话框，各选项的设置如图 6-94 所示。单击"确定"按钮，将生成一个圆角矩形。选择"选择"工具 [▶]，拖曳圆角矩形到适当的位置，设置填充色为黄色（其 RGB 值为 255、213、42），并设置描边色为无，效果如图 6-95 所示。

图 6-93

图 6-94

图 6-95

（9）选择"文字"工具 [T]，在适当的位置输入需要的文字。选择"选择"工具 [▶]，在属性栏中选择合适的字体并设置文字大小。设置填充色为深红色（其 RGB 值为 220、57、37），填充文字，效果如图 6-96 所示。女包广告制作完成，效果如图 6-97 所示。

图 6-96

图 6-97

6.5 时尚女鞋广告设计

时尚女鞋
广告设计 1

时尚女鞋
广告设计 2

6.5.1 案例分析

本案例是为某女鞋品牌推出的新款时尚女鞋设计制作广告，要求设计重点展示新产品，突出优惠活动。

6.5.2 设计理念

在设计过程中，采用彩色色块作为背景，令人感受青春活力；在前景中对新款女鞋进行展示，点明宣传主题；随意点缀的几何元素为画面带来动感；不同颜色的文字令画面更加绚丽多彩（最终效果参看云盘中的"Ch06 > 效果 > 时尚女鞋广告设计 > 时尚女鞋广告.ai"，见图 6-98）。

图 6-98

6.5.3　操作步骤

Photoshop 应用

1．制作广告底图

（1）打开 Photoshop 2020，按 Ctrl+O 组合键，弹出"打开"对话框。选择云盘中的"Ch06 > 素材 > 时尚女鞋广告设计 > 01~04"文件，单击"打开"按钮，打开图片，如图 6-99 所示。选择"移动"工具 ，分别将"02""03""04"图片拖曳到"01"图像窗口中的适当位置，效果如图 6-100 所示。在"图层"面板中将分别生成新的图层，将它们命名为"黑色高跟鞋""粉色高跟鞋""紫色高跟鞋"。

图 6-99　　　　　　　　　　　　图 6-100

（2）在"图层"面板中，按住 Shift 键将"紫色高跟鞋"图层和"黑色高跟鞋"图层之间的所有图层同时选取，如图 6-101 所示。按 Ctrl+J 组合键复制选中的图层，生成新的拷贝图层。按 Ctrl+E 组合键，合并拷贝图层并将其命名为"倒影"，如图 6-102 所示。

（3）按 Ctrl+T 组合键，图像周围将出现变换框，单击鼠标右键，在弹出的快捷菜单中选择"垂直翻转"命令，垂直翻转图像。向下拖曳翻转得到的图像到适当的位置，按 Enter 键确定操作，效果如图 6-103 所示。

图 6-101　　　　　　　　图 6-102　　　　　　　　图 6-103

（4）单击"图层"面板下方的"添加图层蒙版"按钮 ，为"倒影"图层添加图层蒙版，如图 6-104 所示。选择"渐变"工具 ，单击属性栏中的"点按可编辑渐变"按钮 ，弹出"渐变编辑器"窗口，将渐变色设置为从黑色到白色，单击"确定"按钮。在图像窗口中拖曳鼠标，填充渐变色，松开鼠标左键，效果如图 6-105 所示。

图 6-104　　　　　　　　　　　　图 6-105

（5）在"图层"面板中，将"倒影"图层的"不透明度"选项设置为 61%，如图 6-106 所示，图像效果如图 6-107 所示。

（6）在"图层"面板中，将"倒影"图层拖曳到"黑色高跟鞋"图层的下方，如图 6-108 所示，图像效果如图 6-109 所示。

图 6-106   图 6-107   图 6-108   图 6-109

（7）在"图层"面板中，按住 Shift 键将"紫色高跟鞋"图层和"倒影"图层之间的所有图层同时选取，如图 6-110 所示。按 Ctrl+G 组合键，编组图层并将其命名为"高跟鞋"，如图 6-111 所示。

图 6-110   图 6-111

（8）单击"图层"面板下方的"创建新的填充或调整图层"按钮 ⊘，在弹出的菜单中选择"色阶"命令。在"图层"面板中将生成"色阶 1"图层，同时弹出"色阶"的"属性"面板，单击"此调整影响下面的所有图层"按钮 ▫□，使其显示为"此调整剪切到此图层"按钮 ▫□，其他选项的设置如图 6-112 所示。按 Enter 键确定操作，图像效果如图 6-113 所示。

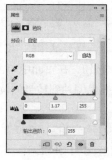 

图 6-112   图 6-113

（9）单击"图层"面板下方的"创建新的填充或调整图层"按钮 ⊘，在弹出的菜单中选择"曲线"命令。在"图层"面板中将生成"曲线 1"图层，同时弹出"曲线"的"属性"面板，在曲线上单击以添加控制点，将"输入"设置为 95，"输出"设置为 99，如图 6-114 所示。在曲线上再次单击以添加控制点，将"输入"设置为 144，"输出"设置为 162，单击"此调整影响下面的所有图层"按钮 ，使其显示为"此调整剪切到此图层"按钮 ，如图 6-115 所示。按 Enter 键确定操作，图像效果如图 6-116 所示。

图 6-114　　　　　　　　图 6-115　　　　　　　　图 6-116

（10）按 Ctrl+O 组合键，弹出"打开"对话框。选择云盘中的"Ch06 > 素材 > 时尚女鞋广告设计 > 05"文件，单击"打开"按钮，打开图片。选择"移动"工具 ，将图片拖曳到图像窗口中的适当位置，效果如图 6-117 所示。在"图层"面板中将生成新的图层，将其命名为"装饰"。

图 6-117

（11）按 Shift+Ctrl+E 组合键，合并可见图层。按 Shift+Ctrl+S 组合键，弹出"另存为"对话框，将其命名为"时尚女鞋广告底图"，保存为 JPEG 格式。单击"保存"按钮，弹出"JPEG 选项"对话框，单击"确定"按钮，将图像保存。

Illustrator 应用

2．添加介绍性文字

（1）打开 Illustrator 2020，按 Ctrl+N 组合键，弹出"新建文档"对话框。设置文档的宽度为 1920 px，高度为 600 px，取向为横向，颜色模式为 RGB，单击"创建"按钮，新建一个文档。

（2）选择"文件 > 置入"命令，弹出"置入"对话框。选择云盘中的"Ch06 > 效果 > 时尚女鞋广告设计 > 时尚女鞋广告底图.jpg"文件，单击"置入"按钮，在页面中单击置入图片。单击属性栏中的"嵌入"按钮，嵌入图片。选择"选择"工具 ，拖曳图片到适当的位置，效果如图 6-118 所示。按 Ctrl+2 组合键，锁定所选对象。

（3）选择"文字"工具 T ，在适当的位置输入需要的文字。选择"选择"工具 ，在属性栏中选择合适的字体并设置文字大小，填充文字为白色，效果如图 6-119 所示。

（4）按 Ctrl+T 组合键，弹出"字符"面板，将"设置所选字符的字距调整"选项 设置为 100，其他选项的设置如图 6-120 所示。按 Enter 键确定操作，效果如图 6-121 所示。

（5）选择"文字"工具 T ，分别选取文字"时尚女鞋""优惠来袭"，设置填充色为黄色（其 RGB 值为 255、240、0），填充文字，效果如图 6-122 所示。

图 6-118

图 6-119

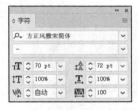

图 6-120

图 6-121

（6）选择"文字"工具 **T**，在适当的位置分别输入需要的文字。选择"选择"工具 ▶，在属性栏中分别选择合适的字体并设置文字大小，效果如图 6-123 所示。

图 6-122

图 6-123

（7）选取文字"换新季"，填充为白色，效果如图 6-124 所示。在"字符"面板中，将"设置所选字符的字距调整"选项 ▨ 设置为-35，其他选项的设置如图 6-125 所示。按 Enter 键确定操作，效果如图 6-126 所示。

图 6-124

图 6-125

图 6-126

（8）选取文字"潮流……登场"，在"字符"面板中，将"设置所选字符的字距调整"选项 ▨ 设置为 55，其他选项的设置如图 6-127 所示。按 Enter 键确定操作，效果如图 6-128 所示。

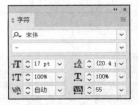

图 6-127

图 6-128

（9）选择"直线段"工具 ✐，按住 Shift 键的同时，在适当的位置绘制一条直线段，填充描边为白色，效果如图 6-129 所示。

（10）选择"圆角矩形"工具 ▢，在页面中单击，弹出"圆角矩形"对话框，各选项的设置如图 6-130 所示。单击"确定"按钮，将生成一个圆角矩形。选择"选择"工具 ▸，拖曳圆角矩形到适当的位置，设置填充色为黄色（其 RGB 值为 255、240、0），并设置描边色为无，效果如图 6-131所示。

图 6-129

图 6-130

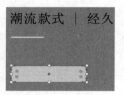

图 6-131

（11）按 Ctrl+C 组合键复制图形，按 Ctrl+B 组合键将复制得到的图形粘贴在后面。微调图形到适当的位置，效果如图 6-132 所示。设置填充色为洋红色（其 RGB 值为 255、118、186），填充图形，效果如图 6-133 所示。

图 6-132

图 6-133

（12）选择"选择"工具 ▸，按住 Shift 键的同时，单击上方黄色图形将其选取，如图 6-134 所示。双击"混合"工具 ▦，在弹出的"混合选项"对话框中进行设置，如图 6-135 所示，单击"确定"按钮。按 Alt+Ctrl+B 组合键，生成混合，效果如图 6-136 所示。

图 6-134

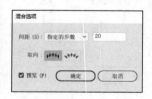

图 6-135

图 6-136

（13）选择"文字"工具 T，在适当的位置输入需要的文字。选择"选择"工具 ▸，在属性栏中选择合适的字体并设置文字大小。设置填充色为洋红（其 RGB 值为 255、118、186），填充文字，效果如图 6-137 所示。时尚女鞋广告制作完成，效果如图 6-138 所示。

图 6-137

图 6-138

6.6　家电广告设计

家电
广告设计1　　　家电
广告设计2

6.6.1　案例分析

本案例是为某电商平台的家电活动专场设计制作广告，要求设计主题鲜明，画面色彩明亮。

6.6.2　设计理念

在设计过程中，采用大面积的黄色搭配蓝色、紫色作为背景色，用色大胆，风格鲜明；将重点产品以汇聚一堂的动感效果展示，令人眼前一亮；将活动信息置于画面正中，简洁、有力，吸引顾客关注（最终效果参看云盘中的"Ch06 > 效果 > 家电广告设计 > 家电广告.ai"，见图 6-139）。

图 6-139

6.6.3　操作步骤

Photoshop 应用

1. 制作广告底图

（1）打开 Photoshop 2020，按 Ctrl+N 组合键，弹出"新建文档"对话框。设置宽度为 1920 像素，高度为 550 像素，分辨率为 72 像素/英寸，颜色模式为 RGB，背景内容为白色，单击"创建"按钮，新建一个文档。

（2）按 Ctrl+O 组合键，弹出"打开"对话框。选择云盘中的"Ch06 > 素材 > 家电广告设计 > 01"文件，单击"打开"按钮，打开图片。选择"移动"工具 ＋.，将图片拖曳到新建的图像窗口中适当的位置，效果如图 6-140 所示。在"图层"面板中将生成新的图层，将其命名为"底图"。

图 6-140

（3）按 Ctrl+O 组合键，弹出"打开"对话框。选择云盘中的"Ch06 > 素材 > 家电广告设计 > 02"文件，单击"打开"按钮，打开图片，如图 6-141 所示。选择"选择 > 色彩范围"命令，弹出"色彩范围"对话框，在图像窗口中鼠标指针将变为吸管图标 ，在后方背景上单击，对颜色进行取样，如图 6-142 所示。在"颜色容差"数值框中输入 100，预览图中白色部分代表被选择的区域，如图 6-143 所示。

图 6-141

图 6-142

图 6-143

（4）在"色彩范围"对话框中，单击"添加到取样"按钮 🖊️，在预览图右上角灰色区域内单击，如图 6-144 所示，将该区域中的背景全部添加到选区中，在预览图中可以看出，背景区域全部变成了白色，如图 6-145 所示。勾选"反相"复选框，背景区域全部变成了黑色，如图 6-146 所示。

图 6-144

图 6-145

图 6-146

（5）设置完成后，单击"确定"按钮，产品将被选中，如图 6-147 所示。选择"选择 > 修改 > 收缩"命令，在弹出的"收缩选区"对话框中进行设置，如图 6-148 所示。单击"确定"按钮，收缩 1 像素的选区，效果如图 6-149 所示。

图 6-147

图 6-148

图 6-149

（6）单击"图层"面板下方的"添加图层蒙版"按钮 ▣，添加图层蒙版，如图 6-150 所示，图像效果如图 6-151 所示。

图 6-150

图 6-151

（7）选择"移动"工具 ，将抠出的产品图像拖曳到新建的图像窗口中适当的位置，效果如图 6-152 所示。在"图层"面板中将生成新的图层，将其命名为"产品"。

图 6-152

（8）单击"图层"面板下方的"添加图层样式"按钮 ，在弹出的菜单中选择"投影"命令，在弹出的对话框中进行设置，如图 6-153 所示。单击"确定"按钮，效果如图 6-154 所示。

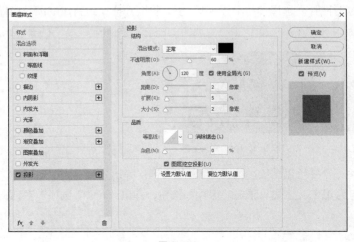

图 6-153

图 6-154

（9）按 Ctrl+O 组合键，弹出"打开"对话框。选择云盘中的"Ch06 > 素材 > 家电广告设计 > 03"文件，单击"打开"按钮，打开图片，如图 6-155 所示。选择"魔棒"工具 ，在属性栏中勾选"连续"复选框，将"容差"选项设置为 20，在图像窗口中的白色背景区域单击，图像周围将生成选区，如图 6-156 所示。选择"选择 > 反选"命令，将选区反选，如图 6-157 所示。

图 6-155　　　　　　　　　图 6-156　　　　　　　　　图 6-157

（10）选择"移动"工具，将抠出的冰箱拖曳到新建的图像窗口中适当的位置，并调整其大小，效果如图 6-158 所示。在"图层"面板中将生成新的图层，将其命名为"冰箱"。

（11）用相同的方法分别抠出"04""05""06"文件中的电器，并分别拖曳到新建的图像窗口中适当的位置，调整其大小，效果如图 6-159 所示。在"图层"面板中将分别生成新的图层，将它们命名为"洗衣机""电饭煲""面包机"。

图 6-158　　　　　　　　　　　　　　　　图 6-159

（12）按 Ctrl+O 组合键，弹出"打开"对话框。选择云盘中的"Ch06 > 素材 > 家电广告设计 > 07"文件，单击"打开"按钮，打开图片。选择"移动"工具，将图片拖曳到新建的图像窗口中适当的位置，效果如图 6-160 所示。在"图层"面板中将生成新的图层，将其命名为"彩带"。

图 6-160

（13）按 Shift+Ctrl+E 组合键，合并可见图层。按 Ctrl+S 组合键，弹出"另存为"对话框，将其命名为"家电广告底图"，保存为 JPEG 格式。单击"保存"按钮，弹出"JPEG 选项"对话框，单击"确定"按钮，将图像保存。

Illustrator 应用

2．添加并编辑主题文字

（1）打开 Illustrator 2020，按 Ctrl+N 组合键，弹出"新建文档"对话框。设置文档的宽度为 1920 px，高度为 550 px，取向为横向，颜色模式为 RGB，单击"创建"按钮，新建一个文档。

（2）选择"文件 > 置入"命令，弹出"置入"对话框。选择云盘中的"Ch06 > 效果 > 家电广告设计 > 家电广告底图.jpg"文件，单击"置入"按钮，在页面中单击置入图片。单击属性栏中的"嵌入"按钮，嵌入图片。选择"选择"工具，拖曳图片到适当的位置，效果如图 6-161 所示。按 Ctrl+2 组合键，锁定所选对象。

图 6-161

（3）选择"文字"工具 T，在页面中输入需要的文字。选择"选择"工具 ►，在属性栏中选择合适的字体并设置文字大小，填充文字为白色，效果如图 6-162 所示。

图 6-162

（4）按 Ctrl+T 组合键，弹出"字符"面板，将"水平缩放"选项 T 设置为 93%，其他选项的设置如图 6-163 所示。按 Enter 键确定操作，效果如图 6-164 所示。

图 6-163

图 6-164

（5）双击"倾斜"工具 ，弹出"倾斜"对话框，选中"垂直"单选项，其他选项的设置如图 6-165 所示。单击"确定"按钮，倾斜文字，效果如图 6-166 所示。

图 6-165

图 6-166

（6）双击"倾斜"工具 ，弹出"倾斜"对话框，选中"水平"单选项，其他选项的设置如图 6-167 所示。单击"确定"按钮，倾斜文字，效果如图 6-168 所示。

图 6-167

图 6-168

（7）选择"选择"工具 ，选择"效果 > 风格化 > 投影"命令，在弹出的对话框中进行设置，如图 6-169 所示。单击"确定"按钮，效果如图 6-170 所示。

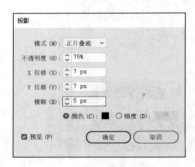

图 6-169

图 6-170

（8）用相同的方法制作其他倾斜图形和文字，并填充相应的颜色，效果如图 6-171 所示。家电广告制作完成。

图 6-171

 6.7 **课堂练习——现代家居广告设计**

现代家居广告设计1

现代家居广告设计2

6.7.1 案例分析

本案例是为某家居商城设计制作广告，要求设计风格典雅，突出商城便捷的配送服务。

6.7.2　设计理念

在设计过程中，采用干净的素色背景搭配造型简洁的沙发，格调典雅；画面的一侧放置生机盎然的绿植，营造出轻松、惬意的居室氛围；在沙发上方通过文字点明宣传的主题，突出便捷服务（最终效果参看云盘中的"Ch06 > 效果 > 现代家居广告设计 > 现代家居广告.ai"，见图 6-172）。

图 6-172

6.8　课后习题——洗衣液广告设计

洗衣液广告设计 1　　洗衣液广告设计 2

6.8.1　案例分析

本案例是为某洗涤产品公司最新推出的洗护套餐设计制作广告，要求设计风格与产品契合，能突出优惠信息。

6.8.2　设计理念

在设计过程中，采用水中的图片背景使人联想到洗涤；以展台的形式展示产品，重点鲜明；浮动的各种几何造型元素为画面增加了灵动感；在产品上方以简洁的文字介绍优惠活动，吸引顾客购买（最终效果参看云盘中的"Ch06 > 效果 > 洗衣液广告设计 > 洗衣液广告.ai"，见图 6-173）。

图 6-173

07

第7章
户外广告

　　户外广告在放置位置、大小等方面都很灵活，相对于其他广告媒体，在人流密集的繁华地带，户外广告更能够发挥其自身所长，吸引人们关注。通过本章的学习，读者可以熟悉户外广告的设计思路，掌握户外广告的制作方法和技巧。

课堂学习目标

- 了解户外广告的特点
- 了解户外广告的形式
- 掌握户外广告的制作方法和技巧

素养目标

- 培养学以致用的能力
- 加深对中华优秀传统文化的热爱

7.1 户外广告概述

7.1.1 户外广告的特点

1．独特性

较为常见的户外广告通常为正方形或长方形，如图 7-1 所示。而有些户外广告的形状需要根据广告实际投放地点的具体环境来决定，使户外广告的外形与周围环境相协调，产生和谐的视觉美感。

图 7-1

2．提示性

对行人来说，户外广告能够起到引导视线的作用。简洁、有力的画面能够充分引起行人的关注，从而提示行人注意户外广告的内容，如图 7-2 所示。

图 7-2

3．简洁性

户外广告的整体画面一般十分简洁。对于街上的人，尤其是正在乘坐车辆的人，视线停留在广告上的时间十分短暂，只有简洁、易懂的画面才能够将广告信息迅速传递给观者，如图 7-3 所示。

图 7-3

7.1.2 户外广告的形式

1. 路牌广告

在户外广告中，路牌广告是最具代表性的一类，其特点是设立在市中心的繁华地段，行人较多，广告所产生的效果较好。路牌广告以电动动态路牌广告、大型喷绘广告、民墙广告为主，如图 7-4 所示。

图 7-4

2. 霓虹灯广告

霓虹灯广告是户外广告中灯光类广告的主要表现形式之一，这类广告在白天能起到路牌广告、招牌广告的作用，夜间则以其变幻的彩色灯效成为一道道风景，吸引人群关注，如图 7-5 所示。

图 7-5

3. 公共交通类广告

公共交通类广告（如车身广告等）是户外广告中使用频率较高的一种形式。车身广告目前普遍使用打印裱贴的方法，这种形式也称为"车贴"，如图 7-6 所示。

图 7-6

4. 灯箱广告

灯箱广告、塔柱广告、灯柱广告、候车亭广告和街头钟广告的特征都是利用灯光把招贴纸、柔性材料、图片等照亮，形成单面、双面、三面甚至四面的灯光广告。这种广告外形美观，视觉效果非常突出，如图 7-7 所示。

图 7-7

5．其他户外广告

除了上面提到的几种形式，户外广告还有其他多种形式，如地面广告、旗帜广告、飞艇广告、充气实物广告等，如图 7-8、图 7-9 所示。

图 7-8

图 7-9

7.2　粽子广告设计

粽子
广告设计 1　　粽子
广告设计 2

7.2.1　案例分析

端午节，又称端阳节、龙舟节、重五节、天中节等，是我国的传统节日。本案例是为即将举办的"第九届 粽子文化节"设计制作广告，要求设计体现出端午节的特点和文化属性。

7.2.2　设计理念

在设计过程中，以绿色的叶纹作为背景，别出心裁；将形似高山的粽子与白云元素搭配，平添了悠远绵长的意境，宣传主题不言而喻；以端正的文字标题和古诗作为点缀，令画面更具文化气韵（最终效果参看云盘中的"Ch07 > 效果 > 粽子广告设计 > 粽子广告.ai"，见图 7-10）。

图 7-10

7.2.3 操作步骤

Photoshop 应用

1. 合成背景图像

（1）打开 Photoshop 2020，按 Ctrl+O 组合键，弹出"打开"对话框。选择云盘中的"Ch07 > 素材 > 粽子广告设计 > 01、02"文件，单击"打开"按钮，打开图片，如图 7-11 和图 7-12 所示。

图 7-11　　　　　　　　　　图 7-12

（2）选择"对象选择"工具，在图像窗口中拖曳鼠标，框选粽子对象，如图 7-13 所示，松开鼠标左键后，将沿着粽子边缘生成选区，效果如图 7-14 所示。

图 7-13　　　　　　　　　　图 7-14

（3）选择"移动"工具，将选区中的粽子图像拖曳到"01"图像窗口中适当的位置，按 Ctrl+T 组合键，图像周围将出现变换框，单击属性栏中的"保持长宽比"按钮，按住 Alt 键的同时，拖曳右上角的控制手柄等比例缩小图像，效果如图 7-15 所示。

（4）在变换框中单击鼠标右键，在弹出的快捷菜单中选择"变形"命令，编辑状态如图 7-16 所示。分别拖曳上方和下方的控制手柄到适当的位置，调整图像大小，效果如图 7-17 所示，按 Enter 键确定操作，效果如图 7-18 所示。在"图层"面板中将生成新的图层，将其命名为"粽子"。

（5）单击"图层"面板下方的"创建新的填充或调整图层"按钮，在弹出的菜单中选择"色相/饱和度"命令。在"图层"面板中将生成"色相/饱和度 1"图层，同时弹出"色相/饱和度"的"属性"面板，单击"此调整影响下面的所有图层"按钮，使其显示为"此调整剪切到此图层"按钮，其他选项的设置如图 7-19 所示。按 Enter 键确定操作，图像效果如图 7-20 所示。

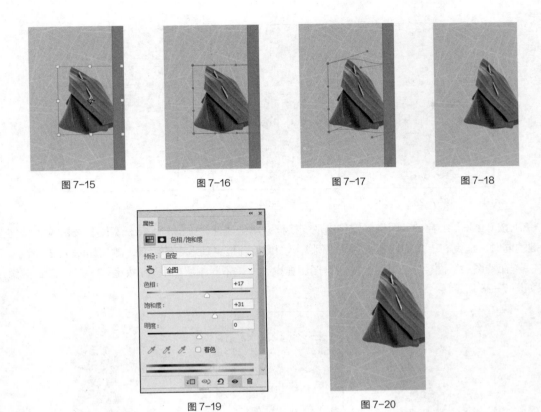

图 7-15　　　　　　图 7-16　　　　　　图 7-17　　　　　　图 7-18

图 7-19

图 7-20

（6）单击"图层"面板下方的"创建新的填充或调整图层"按钮 ◉ ，在弹出的菜单中选择"色阶"命令。在"图层"面板中将生成"色阶 1"图层，同时弹出"色阶"的"属性"面板，单击"此调整影响下面的所有图层"按钮 ⬚ ，使其显示为"此调整剪切到此图层"按钮 ⬚ ，其他选项的设置如图 7-21 所示。按 Enter 键确定操作，图像效果如图 7-22 所示。

图 7-21　　　　　　图 7-22

（7）在"图层"面板中，按住 Shift 键将"色阶 1"图层和"粽子"图层之间的所有图层同时选取，如图 7-23 所示。按 Ctrl+J 组合键复制选中的图层，生成新的拷贝图层，如图 7-24 所示。按 Ctrl+E 组合键，合并拷贝图层并将其命名为"粽子 2"，如图 7-25 所示。

图 7-23　　　　　　　　　　图 7-24　　　　　　　　　　图 7-25

（8）按 Ctrl+T 组合键，图像周围将出现变换框，单击属性栏中的"保持长宽比"按钮 ∞，按住 Alt 键的同时，拖曳右上角的控制手柄等比例缩小图像，并拖曳到适当的位置，效果如图 7-26 所示。

（9）在"图层"面板中，将"粽子 2"图层拖曳到"粽子"图层的下方，如图 7-27 所示，图像效果如图 7-28 所示。

图 7-26　　　　　　　　　　图 7-27　　　　　　　　　　图 7-28

（10）选择"滤镜 > 模糊 > 高斯模糊"命令，在弹出的对话框中进行设置，如图 7-29 所示。单击"确定"按钮，效果如图 7-30 所示。

图 7-29　　　　　　　　　图 7-30

（11）按 Ctrl+O 组合键，弹出"打开"对话框。选择云盘中的"Ch07 > 素材 > 粽子广告设计 > 03"文件，单击"打开"按钮，打开图片，如图 7-31 所示。选择"选择 > 色彩范围"命令，弹出

"色彩范围"对话框，在图像窗口中鼠标指针变为吸管图标 🖊，在白云图像上单击，对颜色进行取样，如图 7-32 所示。在"颜色容差"数值框中输入 60，预览图中白色部分代表被选择的区域，如图 7-33 所示。设置完成后，单击"确定"按钮，白云将被选中，效果如图 7-34 所示。

图 7-31

图 7-32

图 7-33

图 7-34

（12）选择"移动"工具 ⊕，将选区中的白云图像拖曳到"01"图像窗口中适当的位置，并调整其大小，效果如图 7-35 所示。在"图层"面板中将生成新的图层，将其命名为"云 1"。按 Ctrl+O 组合键，弹出"打开"对话框。选择云盘中的"Ch07 > 素材 > 粽子广告设计 > 04"文件，单击"打开"按钮，打开图片，如图 7-36 所示。

图 7-35

图 7-36

（13）选择"选择 > 色彩范围"命令，弹出"色彩范围"对话框。在图像窗口中鼠标指针变为吸管图标 🖊，在白云图像上单击，对颜色进行取样，如图 7-37 所示。在"颜色容差"数值框中输入 60，预览图中白色部分代表被选择的区域，如图 7-38 所示。设置完成后，单击"确定"按钮，白云将被选中，效果如图 7-39 所示。

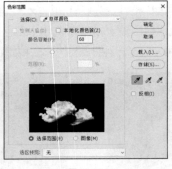

图 7-37 图 7-38 图 7-39

（14）选择"移动"工具 ，将选区中的白云图像拖曳到"01"图像窗口中适当的位置，并调整其大小，效果如图 7-40 所示。在"图层"面板中将生成新的图层，将其命名为"云 2"。按 Ctrl+J 组合键复制"云 2"图层，生成新的图层"云 2 拷贝"，如图 7-41 所示。

（15）在"图层"面板中，将"云 2 拷贝"图层拖曳到"粽子"图层的下方，如图 7-42 所示，并向上移动图片到适当的位置，效果如图 7-43 所示。

图 7-40 图 7-41 图 7-42 图 7-43

（16）选择"滤镜 > 模糊 > 高斯模糊"命令，在弹出的对话框中进行设置，如图 7-44 所示。单击"确定"按钮，效果如图 7-45 所示。

图 7-44 图 7-45

（17）按 Shift+Ctrl+E 组合键，合并可见图层。按 Shift+Ctrl+S 组合键，弹出"另存为"对话框，将其命名为"粽子广告底图"，保存为 JPEG 格式。单击"保存"按钮，弹出"JPEG 选项"对话框，单击"确定"按钮，将图像保存。

Illustrator 应用

2. 添加宣传性文字

（1）打开 Illustrator 2020，按 Ctrl+N 组合键，弹出"新建文档"对话框。设置文档的宽度为 450 mm，高度为 800 mm，方向为纵向，颜色模式为 CMYK，单击"创建"按钮，新建一个文档。

（2）选择"文件 > 置入"命令，弹出"置入"对话框。选择云盘中的"Ch07 > 效果 > 粽子广告设计 > 粽子广告底图.jpg"文件，单击"置入"按钮，在页面中单击置入图片，单击属性栏中的"嵌入"按钮，嵌入图片。选择"选择"工具 ▶，拖曳图片到适当的位置，效果如图 7-46 所示。按 Ctrl+2 组合键，锁定所选对象。

（3）选择"直排文字"工具 ↓T，在页面中分别输入需要的文字。选择"选择"工具 ▶，在属性栏中分别选择合适的字体并设置文字大小，效果如图 7-47 所示。

图 7-46   图 7-47

（4）选取文字"第九……文化节"，按 Ctrl+T 组合键，弹出"字符"面板，将"设置所选字符的字距调整"选项 ↓↓ 设置为 90，其他选项的设置如图 7-48 所示。按 Enter 键确定操作，效果如图 7-49 所示。

（5）选择"文字"工具 T，在适当的位置输入需要的文字。选择"选择"工具 ▶，在属性栏中选择合适的字体并设置文字大小，效果如图 7-50 所示。

图 7-48   图 7-49   图 7-50

（6）选择"文件 > 置入"命令，弹出"置入"对话框。选择云盘中的"Ch07 > 素材 > 粽子广告设计 > 05"文件，单击"置入"按钮，在页面中单击置入图片，单击属性栏中的"嵌入"按钮，嵌入图片。选择"选择"工具 ▶，拖曳图片到适当的位置，并调整其大小，效果如图 7-51 所示。

（7）选择"椭圆"工具 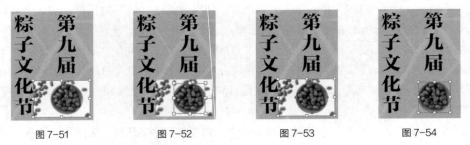，按住 Shift 键的同时，在适当的位置绘制一个圆形，效果如图 7-52 所示。选择"选择"工具 ▶，按住 Shift 键单击下方图片将其同时选取，如图 7-53 所示。按 Ctrl+7 组合键，建立剪切蒙版，效果如图 7-54 所示。

图 7-51   图 7-52   图 7-53   图 7-54

（8）选择"文字"工具 T，在适当的位置输入需要的文字。选择"选择"工具 ▶，在属性栏中选择合适的字体并设置文字大小，效果如图 7-55 所示。

（9）在"字符"面板中，将"设置行距"选项 设置为 42 pt，其他选项的设置如图 7-56 所示。按 Enter 键确定操作，效果如图 7-57 所示。

图 7-55   图 7-56   图 7-57

（10）选择"文字"工具 T，分别选取数字"11"和"25"，在属性栏中设置文字大小，效果如图 7-58 所示。选择"直线段"工具 ∕，按住 Shift 键在适当的位置分别绘制 45°角斜线和竖线，效果如图 7-59 所示。

（11）选择"选择"工具 ▶，按住 Shift 键将所绘制的线条同时选取，在属性栏中将"描边粗细"选项设置为 2 pt。按 Enter 键确定操作，效果如图 7-60 所示。

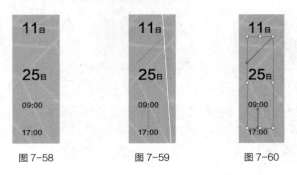

图 7-58   图 7-59   图 7-60

（12）选择"矩形"工具 ▢，在适当的位置绘制一个矩形，填充为白色，并设置描边色为无，效果如图 7-61 所示。选择"文字"工具 T，在适当的位置输入需要的文字。选择"选择"工具 ▶，在属性栏中选择合适的字体并设置文字大小，效果如图 7-62 所示。

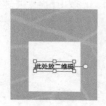

图 7-61   图 7-62

（13）选择"文件 > 置入"命令，弹出"置入"对话框。选择云盘中的"Ch07 > 素材 > 粽子广告设计 > 06"文件，单击"置入"按钮，在页面中单击置入图片，单击属性栏中的"嵌入"按钮，嵌入图片。选择"选择"工具 ▶，拖曳图片到适当的位置，并调整其大小，效果如图 7-63 所示。

（14）选择"文字"工具 T，在适当的位置输入需要的文字。选择"选择"工具 ▶，在属性栏中选择合适的字体并设置文字大小，效果如图 7-64 所示。

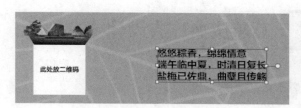

图 7-63   图 7-64

（15）在"字符"面板中，将"设置行距"选项 设置为 48 pt，其他选项的设置如图 7-65 所示。按 Enter 键确定操作，效果如图 7-66 所示。

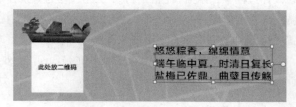

图 7-65   图 7-66

（16）选择"文字"工具 T，选取文字"悠悠……情意"，在属性栏中选择合适的字体并设置文字大小，效果如图 7-67 所示。在文字"端"左侧单击以插入光标，如图 7-68 所示。

图 7-67

图 7-68

（17）按 Alt+Ctrl+T 组合键，弹出"段落"面板，将"段前间距" 选项设置为 37 pt，其他选项的设置如图 7-69 所示。按 Enter 键确定操作，效果如图 7-70 所示。粽子广告制作完成，效果如图 7-71 所示。

图 7-69

图 7-70

图 7-71

7.3 百货庆典广告设计

百货庆典
广告设计1

百货庆典
广告设计2

7.3.1 案例分析

本案例是为某百货公司的周年庆典活动设计制作广告，要求设计能突出公司成立 30 周年的喜庆和超值的购物优惠。

7.3.2 设计理念

在设计过程中，以蓝紫色的浩瀚星空图片作为背景，贴合公司的名称；以欢腾的人物剪影图片点缀画面，营造热闹的周年庆氛围；在绝对醒目的位置放置"30 周年庆"文字，突出宣传重点；周年庆文字下方的优惠信息一目了然，令人印象深刻（最终效果参看云盘中的"Ch07 > 效果 > 百货庆典广告设计 > 百货庆典广告.ai"，见图 7-72）。

图 7-72

7.3.3 操作步骤

Photoshop 应用

1. 合成背景图像

（1）打开 Photoshop 2020，按 Ctrl+O 组合键，弹出"打开"对话框。选择云盘中的"Ch07 > 素材 > 百货庆典广告设计 > 01、02"文件，单击"打开"按钮，打开图片，如图 7-73 所示。选择"移动"工具 ⊕,将"02"人物图片拖曳到"01"图像窗口中的适当位置,效果如图 7-74 所示。在"图层"面板中将生成新的图层,将其命名为"人物"。

图 7-73

图 7-74

(2)按 Ctrl+O 组合键,弹出"打开"对话框。选择云盘中的"Ch07 > 素材 > 百货庆典广告设计 > 03"文件,单击"打开"按钮,打开图片。选择"移动"工具 ⊕,将图片拖曳到图像窗口中的适当位置,效果如图 7-75 所示。在"图层"面板中将生成新的图层,将其命名为"几何"。按 Alt+Ctrl+G 组合键,为"几何"图层创建剪贴蒙版,图像效果如图 7-76 所示。

图 7-75

图 7-76

(3)选择"矩形"工具 □,在属性栏中将"填充"颜色设置为海蓝色(其 RGB 值为 5、9、59),"描边"颜色设置为无,在图像窗口中绘制一个矩形,如图 7-77 所示。在"图层"面板中将生成新的形状图层"矩形 1"。

(4)按 Ctrl+O 组合键,弹出"打开"对话框。选择云盘中的"Ch07 > 素材 > 百货庆典广告设计 > 04"文件,单击"打开"按钮,打开图片。选择"移动"工具 ⊕,将图片拖曳到图像窗口中的适当位置,效果如图 7-78 所示。在"图层"面板中将生成新的图层,将其命名为"光束"。

图 7-77

图 7-78

(5)按 Ctrl+J 组合键复制"光束"图层,生成新的图层"光束 拷贝"。在"图层"面板中,将"光束 拷贝"图层的混合模式设置为"颜色加深","不透明度"选项设置为 80%,如图 7-79 所示,图像效果如图 7-80 所示。

图 7-79　　　　　　　　　　　　图 7-80

（6）按 Ctrl+O 组合键，弹出"打开"对话框。选择云盘中的"Ch07 > 素材 > 百货庆典广告设计 > 05"文件，单击"打开"按钮，打开图片。选择"移动"工具 ，将图片拖曳到图像窗口中的适当位置，效果如图 7-81 所示。在"图层"面板中将生成新的图层，将其命名为"星云"。

（7）在"图层"面板中，将"星云"图层的混合模式设置为"强光"，"不透明度"选项设置为 80%，如图 7-82 所示，图像效果如图 7-83 所示。

图 7-81　　　　　　　　　图 7-82　　　　　　　　　图 7-83

（8）按 Shift+Ctrl+E 组合键，合并可见图层。按 Shift+Ctrl+S 组合键，弹出"另存为"对话框，将其命名为"百货庆典广告底图"，保存为 JPEG 格式。单击"保存"按钮，弹出"JPEG 选项"对话框，单击"确定"按钮，将图像保存。

Illustrator 应用

2．添加并编辑标题文字

（1）打开 Illustrator 2020，按 Ctrl+N 组合键，弹出"新建文档"对话框。设置文档的宽度为 600 mm，高度为 900 mm，方向为纵向，颜色模式为 CMYK，单击"创建"按钮，新建一个文档。

（2）选择"文件 > 置入"命令，弹出"置入"对话框。选择云盘中的"Ch07 > 效果 > 百货庆典广告设计 > 百货庆典广告底图.jpg"文件，单击"置入"按钮，在页面中单击置入图片。单击属性栏中的"嵌入"按钮，嵌入图片。选择"选择"工具 ，拖曳图片到适当的位置，效果如图 7-84 所示。按 Ctrl+2 组合键，锁定所选对象。

（3）选择"矩形"工具 ，在适当的位置绘制一个矩形，设置描边色为白色，并在属性栏中将"描边粗细"选项设置为 22 pt。按 Enter 键确定操作，效果如图 7-85 所示。

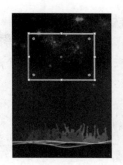

图 7-84   图 7-85

（4）选择"添加锚点"工具，分别在矩形下边适当的位置单击，添加两个锚点，如图 7-86 所示。选择"直接选择"工具，选中需要的线段，如图 7-87 所示。按 Delete 键将其删除，效果如图 7-88 所示。

图 7-86   图 7-87   图 7-88

（5）选择"文字"工具 T，在适当的位置输入需要的文字。选择"选择"工具 ▶，在属性栏中选择合适的字体并设置文字大小，填充文字为白色，效果如图 7-89 所示。

（6）按 Shift+Ctrl+O 组合键，将文字转换为轮廓，效果如图 7-90 所示。按 Shift+Ctrl+G 组合键，取消文字编组。选择"矩形"工具 ■，在适当的位置绘制一个矩形，如图 7-91 所示。

图 7-89   图 7-90   图 7-91

（7）选择"选择"工具 ▶，按住 Shift 键的同时，单击下方数字"0"将其选取，如图 7-92 所示。选择"窗口 > 路径查找器"命令，弹出"路径查找器"面板，单击"减去顶层"按钮，如图 7-93 所示，将生成新的对象，效果如图 7-94 所示。

图 7-92   图 7-93   图 7-94

（8）选择"选择"工具 ▶，按住 Shift 键的同时，单击左侧数字"3"将其选取，按 Ctrl+G 组合键编组文字，如图 7-95 所示。

（9）在工具箱中单击"描边"按钮 ■，启用描边。双击"渐变"工具 ■，弹出"渐变"面板，单击"线性渐变"按钮 ■，在色带上设置 6 个渐变滑块，将渐变滑块的位置分别设置为 0、15、32、54、73、100，并设置 CMYK 值为 0（76、69、67、29）、15（0、0、0、0）、32（76、69、67、29）、54（0、0、0、0）、73（76、69、67、29）、100（0、0、0、0），其他选项的设置如图 7-96 所示。文字描边被填充为渐变色，效果如图 7-97 所示。

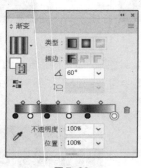

图 7-95　　　　　　　　　图 7-96　　　　　　　　　图 7-97

（10）选择"窗口 > 描边"命令，弹出"描边"面板，单击"对齐描边"选项中的"使描边外侧对齐"按钮 ■，其他选项的设置如图 7-98 所示。按 Enter 键确定操作，效果如图 7-99 所示。

图 7-98　　　　　　　　　　　　　图 7-99

（11）用相同的方法制作其他文字渐变描边效果，如图 7-100 所示。选择"文字"工具 T，在适当的位置输入需要的文字。选择"选择"工具 ▶，在属性栏中选择合适的字体并设置文字大小，填充文字为白色，效果如图 7-101 所示。

图 7-100　　　　　　　　　　　　图 7-101

（12）选择"椭圆"工具 ●，按住 Shift 键的同时，在适当的位置绘制一个圆形，填充为白色，并设置描边色为无，效果如图 7-102 所示。

（13）选择"星形"工具 ☆，在页面中单击，弹出"星形"对话框，各选项的设置如图 7-103 所示。单击"确定"按钮，将生成一个五角星。选择"选择"工具 ▶，拖曳五角星到适当的位置，效果如图 7-104 所示。

图 7-102

图 7-103

图 7-104

（14）选择"选择"工具 ▶，按住 Shift 键的同时，单击下方白色圆形将其选取，如图 7-105 所示。在"路径查找器"面板中，单击"减去顶层"按钮，如图 7-106 所示，将生成新的对象，效果如图 7-107 所示。

图 7-105

图 7-106

图 7-107

（15）选择"文字"工具 T，在适当的位置输入需要的文字。选择"选择"工具 ▶，在属性栏中选择合适的字体并设置文字大小，填充文字为白色，效果如图 7-108 所示。

（16）选取文字"星光百货"，按 Ctrl+T 组合键，弹出"字符"面板，将"设置所选字符的字距调整"选项 设置为-100，其他选项的设置如图 7-109 所示。按 Enter 键确定操作，效果如图 7-110 所示。

图 7-108

图 7-109

图 7-110

（17）按 Ctrl+O 组合键，弹出"打开"对话框。选择云盘中的"Ch07 > 素材 > 百货庆典广告设计 > 06"文件，单击"打开"按钮，打开文件。选择"选择"工具 ▶，选取需要的图形和文字，按 Ctrl+C 组合键复制图形和文字，选择正在编辑的页面，按 Ctrl+V 组合键将其粘贴到页面中，并拖曳到适当的位置，效果如图 7-111 所示。百货庆典广告制作完成，效果如图 7-112 所示。

图 7-111

图 7-112

豆浆机
广告设计1

豆浆机
广告设计2

7.4	豆浆机广告设计

7.4.1 案例分析

本案例是为某家电商零售企业近期推出的新款双磨豆浆机设计制作广告，要求广告色彩明亮，能展现产品研磨细腻、做工精致的特色。

7.4.2 设计理念

在设计过程中，采用黄色的背景色，和黄豆、豆浆色调相同，也令人眼前一亮；在画面中同时展示豆浆机、原料黄豆和新鲜的豆浆，突出产品的便捷功能；以醒目的文字强调这是新款产品，吸引顾客关注（最终效果参看云盘中的"Ch07 > 效果 > 豆浆机广告设计 > 豆浆机广告.ai"，见图7-113）。

图 7-113

7.4.3 操作步骤

Photoshop 应用

1. 合成背景图像

（1）打开 Photoshop 2020，按 Ctrl+O 组合键，弹出"打开"对话框。选择云盘中的"Ch07 > 素材 >豆浆机广告设计 > 01"文件，单击"打开"按钮，打开图片，如图7-114所示。

（2）选择"滤镜 > 滤镜库"命令，在弹出的对话框中进行设置，如图7-115所示。单击"确定"按钮，效果如图7-116所示。

（3）按 Ctrl+O 组合键，弹出"打开"对话框。选择云盘中的"Ch07 > 素材 > 豆浆机广告设计 > 02"文件，单击"打开"按钮，打开图片。选择"移动"工具 ⊕ ，将图片拖曳到图像窗口中适当的位置，并调整其大小，效果如图7-117所示。在"图层"面板中将生成新的图层，将其命名为"豆浆"。

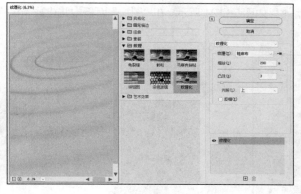

图 7-114   图 7-115   图 7-116

（4）在"图层"面板中，将"豆浆"图层的混合模式设置为"正片叠底"，如图 7-118 所示，效果如图 7-119 所示。

图 7-117   图 7-118   图 7-119

（5）按 Ctrl+O 组合键，弹出"打开"对话框。选择云盘中的"Ch07 > 素材 >豆浆机广告设计 > 03、04"文件，单击"打开"按钮，打开图片。选择"移动"工具 ，分别将图片拖曳到图像窗口中适当的位置，并调整其大小，效果如图 7-120 所示。在"图层"面板中将分别生成新的图层，将它们命名为"杯子"和"黄豆"，如图 7-121 所示。

图 7-120   图 7-121

（6）在"图层"面板中，将"黄豆"图层的混合模式设置为"线性加深"，如图 7-122 所示，图像效果如图 7-123 所示。

（7）按 Ctrl+O 组合键，弹出"打开"对话框。选择云盘中的"Ch07 > 素材 > 豆浆机广告设计 > 05"文件，单击"打开"按钮，打开图片。选择"移动"工具 ，将图片拖曳到图像窗口中适当的位置，并调整其大小，效果如图7-124所示。在"图层"面板中将生成新的图层，将其命名为"豆浆机"。

图7-122

图7-123

图7-124

（8）按Shift+Ctrl+E组合键，合并可见图层。按Ctrl+S组合键，弹出"另存为"对话框，将其命名为"豆浆机广告底图"，保存为JPEG格式。单击"保存"按钮，弹出"JPEG选项"对话框，单击"确定"按钮，将图像保存。

Illustrator应用

2．添加标题和产品信息

（1）打开Illustrator 2020，按Ctrl+N组合键，弹出"新建文档"对话框。设置文档的宽度为600 mm，高度为800 mm，方向为纵向，颜色模式为CMYK，单击"创建"按钮，新建一个文档。

（2）选择"文件 > 置入"命令，弹出"置入"对话框。选择云盘中的"Ch07 > 效果 > 豆浆机广告设计 > 豆浆机广告底图.jpg"文件，单击"置入"按钮，在页面中单击置入图片。单击属性栏中的"嵌入"按钮，嵌入图片。选择"选择"工具 ▶，拖曳图片到适当的位置，效果如图7-125所示。按Ctrl+2组合键，锁定所选对象。

（3）选择"文字"工具 T，在页面中输入需要的文字。选择"选择"工具 ▶，在属性栏中选择合适的字体并设置文字大小，填充文字为白色，效果如图7-126所示。

图7-125

图7-126

（4）按Ctrl+T组合键，弹出"字符"面板，将"水平缩放"选项 **T** 设置为80%，其他选项的设置如图7-127所示。按Enter键确定操作，效果如图7-128所示。

（5）双击"倾斜"工具 ，弹出"倾斜"对话框，选中"垂直"单选项，其他选项的设置如图7-129所示。单击"确定"按钮，倾斜文字，效果如图7-130所示。

（6）选择"文字"工具 T，在适当的位置输入需要的文字。选择"选择"工具 ▶，在属性栏中选择合适的字体并设置文字大小，填充文字为白色，效果如图7-131所示。

图 7-127

图 7-128

图 7-129

图 7-130

（7）双击"倾斜"工具 ，弹出"倾斜"对话框，选中"垂直"单选项，其他选项的设置如图 7-132 所示。单击"确定"按钮，倾斜文字，效果如图 7-133 所示。

图 7-131

图 7-132

图 7-133

（8）选择"文字"工具 T ，在适当的位置拖曳出一个带有选中文本的文本框，输入需要的文字。选择"选择"工具 ，在属性栏中选择合适的字体并设置文字大小，效果如图 7-134 所示。设置填充色为深红色（其 CMYK 值为 58、95、100、52），填充文字，效果如图 7-135 所示。

（9）在"字符"面板中，将"设置行距"选项 设置为 80 pt，其他选项的设置如图 7-136 所示。按 Enter 键确定操作，效果如图 7-137 所示。

图 7-134

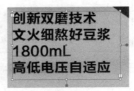

图 7-135

图 7-136

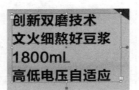

图 7-137

（10）选择"文字"工具 T，在文字"创"左侧单击以插入光标，如图 7-138 所示。选择"文字 > 字形"命令，弹出"字形"面板，设置字体并选择需要的字形，如图 7-139 所示，双击插入字形，效果如图 7-140 所示。

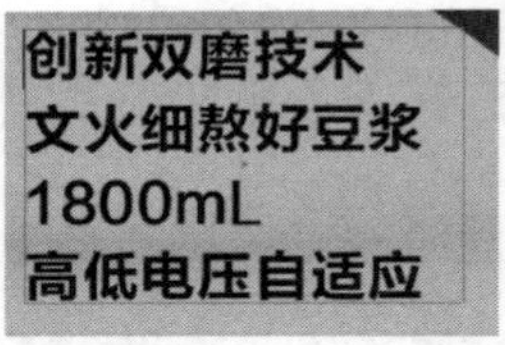

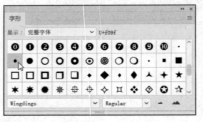

图 7-138

图 7-139

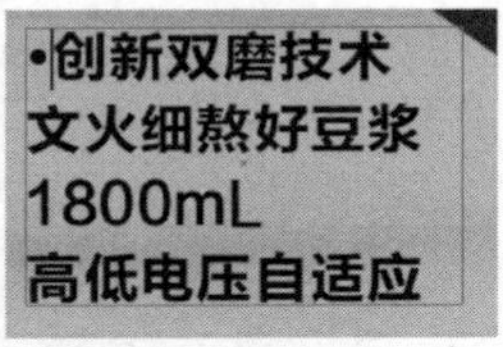

图 7-140

（11）选择"文字 > 插入空白字符 > 窄间隔"命令，插入半个空格，效果如图 7-141 所示。用相同的方法分别在其他文字处插入相同的字形，效果如图 7-142 所示。

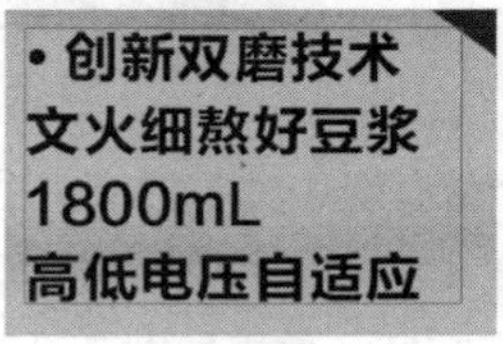

图 7-141

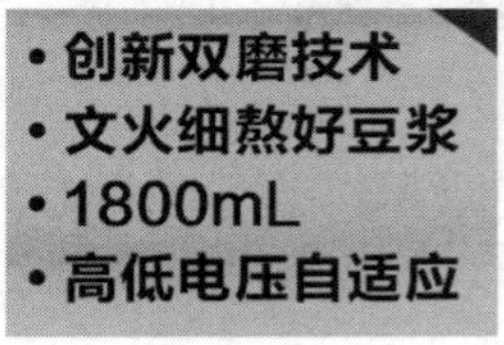

图 7-142

（12）选择"文字"工具 T，在适当的位置输入需要的文字。选择"选择"工具 ▶，在属性栏中选择合适的字体并设置文字大小，效果如图 7-143 所示。将输入的文字同时选取，设置填充色为深红色（其 CMYK 值为 58、95、100、52），填充文字，效果如图 7-144 所示。

图 7-143

图 7-144

（13）选取文字"零售……GH"，在"字符"面板中，将"设置行距"选项 设置为 55 pt，其他选项的设置如图 7-145 所示。按 Enter 键确定操作，效果如图 7-146 所示。选择"文字"工具 T，选取文字"型号……GH"，在属性栏中设置文字大小，效果如图 7-147 所示。

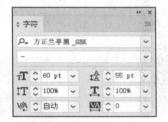
图 7-145

图 7-146

图 7-147

（14）选择"椭圆"工具 ，在页面中单击，弹出"椭圆"对话框，各选项的设置如图 7-148 所示，单击"确定"按钮，将生成一个椭圆。选择"选择"工具 ，拖曳椭圆到适当的位置，设置填充色为红色（其 CMYK 值为 10、100、100、0），并设置描边色为无，效果如图 7-149 所示。

图 7-148

图 7-149

（15）选择"文字"工具 T，在适当的位置输入需要的文字。选择"选择"工具 ，在属性栏中选择合适的字体并设置文字大小，效果如图 7-150 所示。选择"文字"工具 T，选取英文"LIUXI"，在属性栏中选择合适的字体，效果如图 7-151 所示。豆浆机广告制作完成，效果如图 7-152 所示。

图 7-150

图 7-151

图 7-152

7.5 饮品广告设计

饮品
广告设计1

饮品
广告设计2

7.5.1 案例分析

本案例是为某饮品品牌新推出的芒果汁设计制作广告，要求设计风格热情洋溢，突出果汁的新鲜感。

7.5.2 设计理念

在设计过程中，采用橙色调的背景色，贴合产品的色调；同时展示产品和原料芒果的图片，强调果汁的新鲜，品质有保障；采用不同角度的文字放置方式令画面更加活泼,营造轻松愉悦感(最终效果参看云盘中的“Ch07 > 效果 > 饮品广告设计 > 饮品广告.ai”，见图 7-153)。

7.5.3 操作步骤

图 7-153

Photoshop 应用

1. 合成背景图像

（1）打开 Photoshop 2020，按 Ctrl+O 组合键，弹出“打开”对话框。选择云盘中的“Ch07 > 素材 > 饮品广告设计 > 01、02”文件，单击“打开”按钮，打开图片，如图 7-154 所示。选择“移动”工具 ⊕ ，将“02”图片拖曳到“01”图像窗口中的适当位置，效果如图 7-155 所示。在“图层”面板中将生成新的图层，将其命名为“水花”。

图 7-154

图 7-155

（2）单击"图层"面板下方的"创建新的填充或调整图层"按钮 ⚫，在弹出的菜单中选择"亮度/对比度"命令。在"图层"面板中将生成"亮度/对比度 1"图层，同时弹出"亮度/对比度"的"属性"面板，单击"此调整影响下面的所有图层"按钮 ⬚，使其显示为"此调整剪切到此图层"按钮 ⬚，其他选项的设置如图 7-156 所示。按 Enter 键确定操作，图像效果如图 7-157 所示。

（3）单击"图层"面板下方的"创建新的填充或调整图层"按钮 ⚫，在弹出的菜单中选择"自然饱和度"命令。在"图层"面板中将生成"自然饱和度 1"图层，同时弹出"自然饱和度"的"属性"面板，单击"此调整影响下面的所有图层"按钮 ⬚，使其显示为"此调整剪切到此图层"按钮 ⬚，其他选项的设置如图 7-158 所示。按 Enter 键确定操作，图像效果如图 7-159 所示。

图 7-156　　　　　　图 7-157　　　　　　图 7-158　　　　　　图 7-159

（4）单击"图层"面板下方的"创建新的填充或调整图层"按钮 ⚫，在弹出的菜单中选择"色相/饱和度"命令。在"图层"面板中将生成"色相/饱和度 1"图层，同时弹出"色相/饱和度"的"属性"面板，单击"此调整影响下面的所有图层"按钮 ⬚，使其显示为"此调整剪切到此图层"按钮 ⬚，其他选项的设置如图 7-160 所示。按 Enter 键确定操作，图像效果如图 7-161 所示。

图 7-160　　　　　　　　图 7-161

（5）按 Ctrl+O 组合键，弹出"打开"对话框。选择云盘中的"Ch07 > 素材 > 饮品广告设计 > 03"文件，单击"打开"按钮，打开图片。选择"移动"工具 ✛，将图片拖曳到图像窗口中的适当位置，效果如图 7-162 所示。在"图层"面板中将生成新的图层，将其命名为"叶子"。

（6）单击"图层"面板下方的"创建新的填充或调整图层"按钮 ⚫，在弹出的菜单中选择"色阶"命令。在"图层"面板中生成"色阶 1"图层，同时弹出"色阶"的"属性"面板，单击"此调整影响下面的所有图层"按钮 ⬚，使其显示为"此调整剪切到此图层"按钮 ⬚，其他选项的设置如图 7-163 所示。按 Enter 键确定操作，图像效果如图 7-164 所示。

（7）按 Ctrl+O 组合键，弹出"打开"对话框。选择云盘中的"Ch07 > 素材 > 饮品广告设计 > 04"文件，单击"打开"按钮，打开图片。选择"移动"工具 ⊕ ，将图片拖曳到图像窗口中的适当位置，效果如图 7-165 所示。在"图层"面板中将生成新的图层，将其命名为"果汁瓶子"。

图 7-162   图 7-163   图 7-164   图 7-165

（8）按 Shift+Ctrl+E 组合键，合并可见图层。按 Shift+Ctrl+S 组合键，弹出"另存为"对话框，将其命名为"饮品广告底图"，保存为 JPEG 格式。单击"保存"按钮，弹出"JPEG 选项"对话框，单击"确定"按钮，将图像保存。

Illustrator 应用

2．添加并编辑标题文字

（1）打开 Illustrator 2020，按 Ctrl+N 组合键，弹出"新建文档"对话框。设置文档的宽度为 600 mm，高度为 900 mm，方向为纵向，颜色模式为 CMYK，单击"创建"按钮，新建一个文档。

（2）选择"文件 > 置入"命令，弹出"置入"对话框。选择云盘中的"Ch07 > 效果 > 饮品广告设计 > 饮品广告底图.jpg"文件，单击"置入"按钮，在页面中单击置入图片。单击属性栏中的"嵌入"按钮，嵌入图片。选择"选择"工具 ▶ ，拖曳图片到适当的位置，效果如图 7-166 所示。按 Ctrl+2 组合键，锁定所选对象。

（3）选择"文字"工具 T ，在适当的位置输入需要的文字。选择"选择"工具 ▶ ，在属性栏中选择合适的字体并设置文字大小，填充文字为白色，效果如图 7-167 所示。

图 7-166   图 7-167

（4）选择"文字"工具 T ，选取文字"新"，按 Ctrl+T 组合键，弹出"字符"面板，将"字符旋转"选项⊤设置为 10°，其他选项的设置如图 7-168 所示。按 Enter 键确定操作，效果如图 7-169 所示。

图 7-168   图 7-169

（5）选取文字"鲜"，在"字符"面板中，将"字符旋转"选项⊤设置为-10°，其他选项的设置如图 7-170 所示。按 Enter 键确定操作，效果如图 7-171 所示。用相同的方法分别设置其他文字的字符旋转和大小，效果如图 7-172 所示。

图 7-170   图 7-171   图 7-172

（6）选择"选择"工具▶，选取文字，在"字符"面板中，将"设置所选字符的字距调整"选项Ⅶ设置为-240，其他选项的设置如图 7-173 所示。按 Enter 键确定操作，效果如图 7-174 所示。

图 7-173   图 7-174

（7）选择"效果 > 风格化 > 投影"命令，在弹出的对话框中进行设置，如图 7-175 所示。单击"确定"按钮，效果如图 7-176 所示。

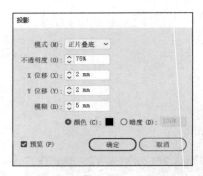

图 7-175　　　　　　　　　　　　　　图 7-176

（8）用相同的方法制作其他文字字符旋转和投影效果，如图 7-177 所示。选择"文字"工具 T ，在适当的位置分别输入需要的文字。选择"选择"工具 ▶ ，在属性栏中分别选择合适的字体并设置文字大小。设置填充色为深红色（其 CMYK 值为 28、100、100、0），填充文字，效果如图 7-178 所示。

图 7-177　　　　　　　　　　　　　　图 7-178

（9）在"字符"面板中，将"设置所选字符的字距调整"选项 VA 设置为 520，其他选项的设置如图 7-179 所示。按 Enter 键确定操作，效果如图 7-180 所示。

图 7-179　　　　　　　　　　　　　　图 7-180

（10）选择"星形"工具 ☆ ，在页面中单击，弹出"星形"对话框，各选项的设置如图 7-181 所示，单击"确定"按钮，将生成一个五角星。选择"选择"工具 ▶ ，拖曳五角星到适当的位置，效果如图 7-182 所示。设置填充色为橙红色（其 CMYK 值为 12、84、100、0），填充五角星，并设置描边色为无，效果如图 7-183 所示。

（11）选择"对象 > 变换 > 缩放"命令，弹出"比例缩放"对话框，各选项的设置如图 7-184

所示。单击"复制"按钮，缩放并复制图形，效果如图 7-185 所示。设置填充色为橙黄色（其 CMYK 值为 8、72、92、0），填充图形，效果如图 7-186 所示。

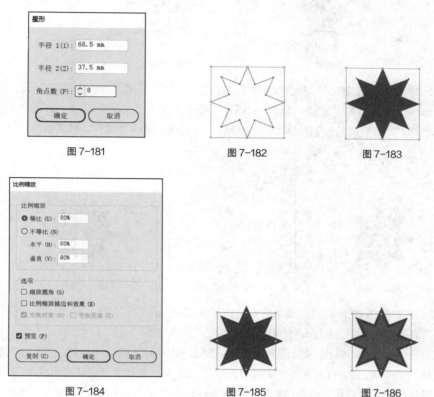

图 7-181　　　　图 7-182　　　　图 7-183

图 7-184　　　　图 7-185　　　　图 7-186

（12）选择"窗口 > 变换"命令，弹出"变换"面板，将"旋转"选项均设置为 22.5°，如图 7-187 所示。按 Enter 键确定操作，效果如图 7-188 所示。

（13）选择"椭圆"工具 ，按住 Alt+Shift 组合键的同时，以五角星的中心为圆心绘制一个圆形，设置填充色为橙黄色（其 C2MYK 值为 0、66、98、0），并设置描边色为无，效果如图 7-189 所示。

图 7-187　　　　图 7-188　　　　图 7-189

（14）选择"文字"工具 T ，在适当的位置输入需要的文字。选择"选择"工具 ，在属性栏中选择合适的字体并设置文字大小，填充文字为白色，效果如图 7-190 所示。选择"文字"工具 T ，选取数字"15"，在属性栏中选择合适的字体并设置文字大小，效果如图 7-191 所示。

图 7-190　　　　　　　　　　　　　　　图 7-191

（15）选择"直线段"工具 ，按住 Shift 键的同时，在适当的位置绘制一条直线段，设置描边为白色，效果如图 7-192 所示。选择"窗口 > 描边"命令，弹出"描边"面板，勾选"虚线"复选框，数值将被激活，其他选项的设置如图 7-193 所示。按 Enter 键确定操作，效果如图 7-194 所示。

图 7-192　　　　　　　　　图 7-193　　　　　　　　　图 7-194

（16）选择"选择"工具 ▶，用框选的方法将图形和文字同时选取，按 Ctrl+G 组合键将其编组，并拖曳编组图形到页面中适当的位置，旋转适当的角度，效果如图 7-195 所示。

（17）按 Ctrl+O 组合键，弹出"打开"对话框。选择云盘中的"Ch07 > 素材 > 饮品广告设计 > 05"文件，单击"打开"按钮，打开文件。选择"选择"工具 ▶，选取需要的图形和文字，按 Ctrl+C 组合键复制图形和文字，选择正在编辑的页面，按 Ctrl+V 组合键将其粘贴到页面中，并拖曳到适当的位置，效果如图 7-196 所示。饮品广告制作完成，效果如图 7-197 所示。

图 7-195　　　　　　　　　图 7-196　　　　　　　　　图 7-197

7.6　牛奶广告设计

牛奶
广告设计1

牛奶
广告设计2

7.6.1　案例分析

本案例是为某乳品品牌的牛奶设计制作广告，要求设计风格清新，能展示出产品营养、健康的特色。

图 7-198

7.6.2 设计理念

在设计过程中，采用原生态的草场背景，给人自然、健康的感觉；在前景中展示的高耸入云的产品令人印象深刻；画面中放养的奶牛强调了产品的品质有保障；蓝色的宣传文字令人神清气爽（最终效果参看云盘中的"Ch07 > 效果 > 牛奶广告设计 > 牛奶广告.ai"，见图 7-198）。

7.6.3 操作步骤

Photoshop 应用

1. 合成背景图像

（1）打开 Photoshop 2020，按 Ctrl+O 组合键，弹出"打开"对话框。选择云盘中的"Ch07 > 素材 > 牛奶广告设计 > 01、02"文件，单击"打开"按钮，打开图片，如图 7-199 所示。选择"移动"工具 ，将"02"图片拖曳到"01"图像窗口中的适当位置，效果如图 7-200 所示。在"图层"面板中将生成新的图层，将其命名为"奶瓶"。

图 7-199

图 7-200

（2）按 Ctrl+J 组合键，复制"奶瓶"图层，生成新的图层"奶瓶 拷贝"。按 Ctrl+T 组合键，图像周围将出现变换框，按住 Alt 键的同时，拖曳右上角的控制手柄等比例放大图像，并调整其位置，按 Enter 键确定操作，效果如图 7-201 所示。

（3）在"图层"面板中，按住 Shift 键将"奶瓶"图层和"奶瓶 拷贝"图层同时选取，按 Ctrl+G 组合键编组图层并将其命名为"奶瓶"，如图 7-202 所示。

图 7-201

图 7-202

（4）单击"图层"面板下方的"创建新的填充或调整图层"按钮 ，在弹出的菜单中选择"曲线"命令。在"图层"面板中将生成"曲线 1"图层，同时弹出"曲线"的"属性"面板，在曲线上单击以添加控制点，将"输入"设置为 152，"输出"设置为 162，如图 7-203 所示。在曲线上再次单击以添加控制点，将"输入"设置为 108，"输出"设置为 103，单击"此调整影响下面的所有图层"按钮 ⬚，使其显示为"此调整剪切到此图层"按钮 ⬚，如图 7-204 所示。按 Enter 键确定操作，图像效果如图 7-205 所示。

图 7-203　　　　　　　　　图 7-204　　　　　　　　　图 7-205

（5）按 Ctrl+O 组合键，弹出"打开"对话框。选择云盘中的"Ch07 > 素材 > 牛奶广告设计 > 03"文件，单击"打开"按钮，打开图片。选择"移动"工具 ⊕，将图片拖曳到图像窗口中的适当位置，效果如图 7-206 所示。在"图层"面板中将生成新的图层，将其命名为"小草"。单击"图层"面板下方的"添加图层蒙版"按钮 ▣，为"小草"图层添加图层蒙版，如图 7-207 所示。

图 7-206　　　　　　　　　　　　　　　　图 7-207

（6）将前景色设置为黑色。选择"画笔"工具 ✎，在属性栏中单击"画笔预设"选项右侧的 按钮，在弹出的画笔面板中选择需要的画笔形状，如图 7-208 所示。在属性栏中将"不透明度"选项设置为 80%，在图像窗口中涂抹，擦除不需要的部分，效果如图 7-209 所示。

（7）按 Ctrl+O 组合键，弹出"打开"对话框。选择云盘中的"Ch07 > 素材 > 牛奶广告设计 > 04~06"文件，单击"打开"按钮，打开图片。选择"移动"工具 ⊕，分别将图片拖曳到图像窗口中的适当位置，效果如图 7-210 所示。在"图层"面板中将分别生成新的图层，将它们命名为"树""栅栏""牛"，如图 7-211 所示。

图 7-208

图 7-209

图 7-210

图 7-211

（8）单击"图层"面板下方的"创建新的填充或调整图层"按钮，在弹出的菜单中选择"色阶"命令。在"图层"面板中将生成"色阶 1"图层，在同时弹出的"色阶"的"属性"面板中进行设置，如图 7-212 所示。按 Enter 键确定操作，效果如图 7-213 所示。

图 7-212

图 7-213

（9）按 Shift+Ctrl+E 组合键，合并可见图层。按 Shift+Ctrl+S 组合键，弹出"另存为"对话框，将其命名为"牛奶广告底图"，保存为 JPEG 格式。单击"保存"按钮，弹出"JPEG 选项"对话框，单击"确定"按钮，将图像保存。

Illustrator 应用

2．添加并编辑标题文字

（1）打开 Illustrator 2020，按 Ctrl+N 组合键，弹出"新建文档"对话框。设置文档的宽度为

1000 mm，高度为 600 mm，方向为横向，颜色模式为 CMYK，单击"创建"按钮，新建一个文档。

（2）选择"文件 > 置入"命令，弹出"置入"对话框。选择云盘中的"Ch07 > 效果 > 牛奶广告设计 > 牛奶广告底图.jpg"文件，单击"置入"按钮，在页面中单击置入图片。单击属性栏中的"嵌入"按钮，嵌入图片。选择"选择"工具 ▶，拖曳图片到适当的位置，效果如图 7-214 所示。按 Ctrl+2 组合键，锁定所选对象。

（3）选择"文字"工具 T，在适当的位置分别输入需要的文字。选择"选择"工具 ▶，在属性栏中分别选择合适的字体并设置文字大小。将输入的文字同时选取，设置填充色为蓝色（其 CMYK 值为 96、66、9、0），填充文字，效果如图 7-215 所示。

图 7-214　　　　　　　　　　　　　　　　　图 7-215

（4）选择"文字"工具 T，选取文字"黄金奶源"，在属性栏中选择合适的字体并设置文字大小，效果如图 7-216 所示。选取文字"来自……牧场"，按 Ctrl+T 组合键，弹出"字符"面板，将"水平缩放"选项 T 设置为 84%，其他选项的设置如图 7-217 所示。按 Enter 键确定操作，效果如图 7-218 所示。

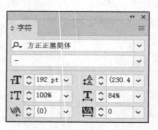

图 7-216　　　　　　　　　　图 7-217　　　　　　　　　　图 7-218

（5）选择"选择"工具 ▶，选取最下方的文字，在"字符"面板中，将"设置所选字符的字距调整"选项 ⅤА 设置为 200，其他选项的设置如图 7-219 所示。按 Enter 键确定操作，效果如图 7-220 所示。

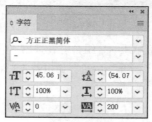

图 7-219　　　　　　　　　　　　　　　　图 7-220

（6）选择"直线段"工具 ∕，按住 Shift 键的同时，在适当的位置绘制一条直线段，在属性栏中将"描边粗细"选项设置为 5 pt。按 Enter 键确定操作，并设置描边色为蓝色（其 CMYK 值为 96、66、9、0），填充描边，效果如图 7-221 所示。

（7）选择"选择"工具 ▶，按住 Alt+Shift 组合键的同时，垂直向下拖曳直线段到适当的位置，复制直线段，效果如图 7-222 所示。

图 7-221   图 7-222

（8）选择"矩形"工具 □，在适当的位置绘制一个矩形，填充为白色，并设置描边色为无，效果如图 7-223 所示。在属性栏中将"不透明度"选项设置为 50%，按 Enter 键确定操作，效果如图 7-224 所示。

图 7-223   图 7-224

（9）选择"文字"工具 T，在适当的位置输入需要的文字。选择"选择"工具 ▶，在属性栏中选择合适的字体并设置文字大小。设置填充色为草绿色（其 CMYK 值为 77、0、100、0），填充文字，效果如图 7-225 所示。

（10）选择"椭圆"工具 ○，按住 Shift 键的同时，在适当的位置绘制一个圆形，设置描边色为白色，并在属性栏中将"描边粗细"选项设置为 4 pt。按 Enter 键确定操作，效果如图 7-226 所示。

图 7-225   图 7-226

（11）保持图形处于选取状态。设置填充色为蓝色（其 CMYK 值为 96、66、9、0），填充图形，效果如图 7-227 所示。选择"钢笔"工具 ✍，在适当的位置分别绘制不规则图形，填充图形为白色，并设置描边色为无，效果如图 7-228 所示。

图 7-227

图 7-228

（12）选择"选择"工具 ▶，按住 Shift 键依次单击左侧的图形将其同时选取，如图 7-229 所示。双击"镜像"工具 ▷◁，弹出"镜像"对话框，各选项的设置如图 7-230 所示。单击"复制"按钮，镜像并复制图形。选择"选择"工具 ▶，按住 Shift 键的同时，将复制得到的图形水平向右拖曳到适当的位置，效果如图 7-231 所示。

图 7-229

图 7-230

图 7-231

（13）选择"文字"工具 T，在适当的位置输入需要的文字。选择"选择"工具 ▶，在属性栏中选择合适的字体并设置文字大小，单击"居中对齐"按钮 ≡，填充文字为白色，效果如图 7-232 所示。

（14）在"字符"面板中，将"设置所选字符的字距调整"选项 ⅤA 设置为 75，其他选项的设置如图 7-233 所示。按 Enter 键确定操作，效果如图 7-234 所示。

图 7-232

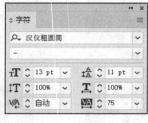
图 7-233

图 7-234

（15）选择"效果 > 变形 > 拱形"命令，在弹出的对话框中进行设置，如图 7-235 所示。单击"确定"按钮，效果如图 7-236 所示。牛奶广告制作完成，效果如图 7-237 所示。

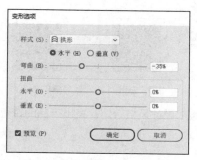

图 7-235

图 7-236

图 7-237

汤圆广告设计1   汤圆广告设计2

7.7 **课堂练习——汤圆广告设计**

7.7.1 案例分析

汤圆是我国传统节日元宵节的特色食品，象征合家团圆、美满。本案例是为某品牌的汤圆设计制作广告，要求设计能够突出元宵节的喜庆氛围。

7.7.2 设计理念

在设计过程中，通过银掺纸图片的背景烘托喜庆的节日气氛；瓷碗和瓷勺中圆润的汤圆寄托了美好的祝福和心愿；画面上下方简洁的文字令画面更丰满，凸显大气（最终效果参看云盘中的"Ch07 > 效果 > 汤圆广告设计 > 汤圆广告.ai"，见图 7-238）。

图 7-238

7.8　课后习题——锅具广告设计

锅具广告设计1　　锅具广告设计 2

7.8.1　案例分析

本案例是为某厨具品牌新推出的一款汤锅设计制作广告，要求设计风格亲切，突出产品的特色。

7.8.2　设计理念

在设计过程中，通过厨房实景背景营造日常生活的氛围，拉近和顾客的距离；在前景中展示产品和各类新鲜食材，突出产品保鲜的特色；用红色的"鲜"字再次强调产品品质，令人印象深刻（最终效果参看云盘中的"Ch07 > 效果 > 锅具广告设计 > 锅具广告.ai"，见图 7-239）。

图 7-239